LA RÉSURRECTION

DE

ROCAMBOLE

PAR

PONSON DU TERRAIL

III

L'AUBERGE MAUDITE

TROISIÈME ÉDITION

PARIS

E. DENTU, ÉDITEUR

LIBRAIRIE DE LA SOCIÉTÉ DES GENS DE LETTRES

PALAIS-ROYAL, 17 ET 19, GALERIE D'ORLÉANS

1866

CULTURE PRATIQUE

DES

PLANTES MOLLES

DE PLEINE TERRE

Coulommiers. — Typographie de A. MOUSSIN.

Pétunias variés.

VICOMTE F. DU BUYSSON

CULTURE PRATIQUE

DES

PLANTES MOLLES

DE PLEINE TERRE

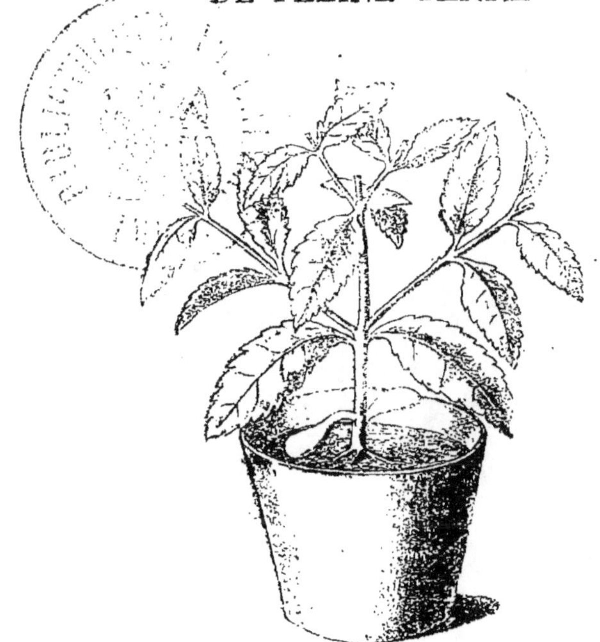

PARIS

LIBRAIRIE CENTRALE D'AGRICULTURE ET DE JARDINAGE

RUE DES ÉCOLES, 82, PRÈS LE MUSÉE DE CLUNY

— Auguste GOIN, éditeur —

PRÉFACE

En 1861, sur la demande de M. Funck, direc-
teur du jardin botanique de Bruxelles, alors ré-
dacteur du journal *l'Horticulteur praticien*, j'avais
rédigé une notice sur la culture du Pétunia, telle
que je la pratiquais moi-même, occupant mes loi-
sirs de la campagne dans la culture des fleurs.

M. Goin, éditeur de la bibliothèque de l'*Horticulteur praticien*, encouragée par S. Exc. M. le Mi-
nistre de l'Agriculture, m'ayant demandé cette
année l'autorisation de la reproduire sous forme
de brochure, je lui répondis que cet article, ayant
été fait à la hâte, avait besoin d'être retouché, et
qu'étant trop restreint pour former un volume,

je lui adjoindrais, malgré mon peu d'habitude d'écrire, quelques cultures de plantes analogues.

Il existe beaucoup d'ouvrages d'horticulture, et cependant il y en a fort peu à la portée des ignorants. Ces livres pour la plupart sont faits par des savants et pour des savants; les quelques notions de culture qu'ils renferment sont enfouies sous des pages de descriptions et de nomenclatures botaniques. Que fait au jardinier praticien ce grand étalage de noms scientifiques ? Il ne cherche qu'une chose : la manière de faire pousser sa plante, et de comparer ses procédés avec ceux indiqués dans l'ouvrage. Les grands horticulteurs connaissent tous les secrets du métier, ce n'est donc pas pour eux que l'on doit écrire, c'est pour l'amateur novice, pour les nouveaux adeptes de l'attrayante Flore. Aussi est-ce pour ces derniers que nous avons entrepris d'écrire ce petit ouvrage.

Je me suis efforcé d'éliminer toutes descriptions ou mots scientifiques ne faisant que relater, d'une manière aussi claire que possible, les cultures dont j'ai l'expérience pratique. Si je me suis étendu un peu longuement sur l'hybridation, c'est que, n'étant pas d'accord sur certains points avec nos grands professeurs de botanique, il me fallait bien dire ce que j'avais vu et ce que je suppose exister. Je pense l'avoir fait de manière à être compris de tous : le professeur y trouvera peut-être matière à controverse, mais l'horticulteur peu expérimenté, des instructions sûres pour créer des nouveautés et orner les parterres de son jardin.

Château du Vernet, ce 15 janvier 1866.

1.

CULTURE PRATIQUE

DES

PLANTES MOLLES

DE PLEINE TERRE

CULTURE DU PÉTUNIA

Le Pétunia étant une plante très-rustique, sa culture est des plus faciles et à la portée de tout le monde. Je ne prétends donc pas ici apprendre quelque chose de nouveau aux horticulteurs, qui savent conduire cette plante. Si j'écris cet article, c'est dans l'espoir de propager mon goût à ces modestes amateurs qui se font un amusement et une occupation de la culture des fleurs. Ils trouveront dans cet ouvrage, je l'espère, une règle de conduite simple et explicite, ne craignant pas de me redire pour être mieux compris.

Du semis.

Je diviserai cette notice en quatre parties : la première traitera du semis ; la deuxième de la culture de la plante ; la troisième des boutures pour multiplier et conserver les variétés, et la quatrième, de la fécondation artificielle, manière d'obtenir la graine et les variétés à fleurs doubles.

Le semis peut se faire en pots ou en terrines, suivant la quantité de graines que l'on veut faire naître. Je le fais ordinairement dans la première semaine d'avril, parce que, de cette manière, mon plant se trouve bon à être mis en place fin mai. On commence par faire un compost d'un tiers de terreau de couches, un tiers terre de bruyère vieille ou neuve, un tiers sable fin de rivière, que l'on brasse bien ensemble pour bien mêler.

Placez au fond de votre terrine, bien percée, 3 ou 4 centimètres de débris de pots cassés ou de gros gravier, que vous recouvrirez d'une couche de mousse pour empêcher, lors des arrosements, la terre d'obstruer les issues et assurer un bon drainage. Remplissez votre vase jusqu'à 4 centimètres du bord avec le compost préparé. Tassez légèrement, soit avec un objet plat, soit en frappant doucement la terrine contre terre. Passez au tamis fin une quantité suffisante de votre compost pour en recouvrir toute la surface de la terre déjà mise d'un bon centimètre. Egalisez, semez votre graine en la prenant par petites pincées aussi régulièrement que possible et pas trop dru; saupoudrez-la d'une très-petite quantité de la même terre fine pour en recouvrir à peine la graine, qui demande à n'être que très-peu enterrée, ou pas du tout.

La meilleure manière d'arroser votre terrine, sans déranger la graine, est de la plonger dans l'eau jusqu'à la moitié de sa hauteur. L'eau s'infiltre peu à peu par le dessous, mouille bien la terre, et lorsque vous l'apercevrez à la surface percer en gouttelettes, vous retirerez votre terrine pour la laisser s'égoutter. Arrosée de cette façon, il est rare que vous soyez obligé d'y revenir avant la levée de la graine. Il faudra avoir soin de ne jamais laisser sécher la surface de votre terre, même lorsque les graines en seront nées; vous bassinerez légèrement soit avec une seringue percée de trous très fins, soit avec un tout petit arrosoir dont on garnit le goulot avec des brins de paille pour faire tomber l'eau en petites gouttes.

Pour éviter cela, et surtout l'invasion des limaçons, leurs plus grands ennemis, je n'emploie pour mes semis qu'une terrine de mon invention (*fig*. 1 et 2), munie d'un rebord circulaire double, que je tiens toujours plein d'eau. L'eau s'infiltre par les pores de la cloison, et maintient toujours la terre dans une légère humidité. Mon semis, se trouvant dans une île, est à l'abri des insectes. Ces terrines sont précieuses pour les semis de cal-

céolaires, azalées, rhododendrons, etc. L'eau
se trouvant filtrée, vous n'avez jamais cette
mousse qui fait la désolation de tous les semeurs. Tous les fabricants de poterie peuvent
faire cette terrine, mais en n'employant que
de la terre très-poreuse (1), en voici la coupe
et les dimensions : diamètre intérieur,
0,^{m} 24 centimètres ; diamètre extérieur,
0,^{m} 30 ; le réservoir circulaire a donc, 0^m 03
centimètres de largeur ; profondeur, 0,^{m} 10
centimètres.

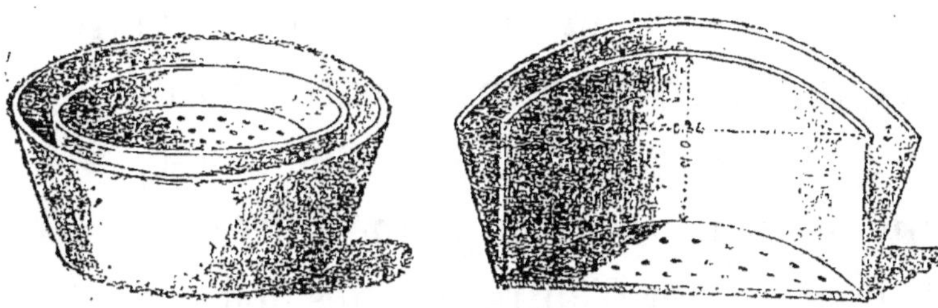

Fig. 1. — Terrine à réservoir circulaire.   Fig. 2. — Coupe de la terrine à semis.

Revenons à nos graines. Il est peu de personnes qui n'aient fait au mois de mars une
couche chaude pour cultiver des melons.

(1) M. Thibaut, artiste en céramique, à Moulins (Allier),
exécute admirablement bien mes terrines, et les vend 1 fr.
50 c. pièce.

Cette couche, au mois d'avril, se trouve juste à la température voulue pour recevoir votre terrine. Si vous n'en avez pas, il faut en faire une d'avance. Lorsque la température en sera descendue à 25 degrés centigrades, vous plongerez votre terrine dans la terre qui recouvre votre fumier. Placez dessus une cloche, ou un châssis vitré; ombrez d'une toile, ou barbouillez les vitres de blanc de Paris dans une colle très-claire de farine, et laissez fermé jusqu'à la levée de la graine. Pour ne pas occuper tout un cadre avec votre seule terrine, vous pourrez la couvrir d'une feuille de verre, ce qui vous donnera la faculté de tenir ouvert ou fermé votre châssis, qui peut abriter d'autres plantes demandant des soins différents. 20 à 25 degrés centigrades sont nécessaires pour assurer une bonne germination : plus, vous risqueriez de brûler la graine; moins, elle serait longue à naître et vous pourriez en perdre beaucoup. Il ne faudra pas s'étonner si, en suivant bien toutes ces prescriptions, votre

graine ne germe pas toute en même temps.
Il faut ordinairement huit à dix jours pour
en apercevoir, et il en naîtra pendant plus
d'un mois, même après en avoir tiré le
plant ; il ne faut donc pas l'abandonner. Dès
que la terrine commence à se garnir et que
les cotylédons se sont développés, il faudra
donner un peu d'air en soulevant de 3 ou 4
centimètres la feuille de verre placée sur la
terrine, en supposant que le châssis soit levé.
On évitera l'allongement. Quand votre plant
aura quatre feuilles, on devra le repiquer.
Pour cela vous soulèverez chaque individu
avec un petit morceau de bois aplati, de manière à briser le moins possible les racines
et vous le replanterez immédiatement en
pépinière sous châssis. Il vaut mieux les repiquer isolément dans un petit godet de
3 centimètres rempli du même compost que
pour le semis et que l'on plonge dans la terre
de la couche où ils sont nés. On arrose suffisamment et on les laisse quelques jours
à l'étouffée et ombrés pour la reprise. On

donnera de l'air et de la lumière peu à peu et l'on parviendra ainsi à leur laisser supporter toute la force des rayons de soleil qui leur est nécessaire pour devenir vigoureux et trapus. Il va sans dire qu'on ne ménagera ni l'eau ni les bassinages, surtout si le soleil est ardent; qu'on tiendra les châssis ou les cloches soulevés nuit et jour pour leur donner la plus grande somme d'air possible, à moins de gelée ou d'abaissement de température; ainsi traités, vos pétunias seront bons à être mis en place du 15 au 20 mai.

Choisissez dans votre jardin une ou plusieurs places bien aérées, exposées au soleil, que vous aurez fumées abondamment pendant l'hiver et auxquelles vous aurez donné plusieurs façons pour bien incorporer le fumier. Je connais des horticulteurs praticiens qui prétendent qu'il faut au pétunia un sol maigre et ne leur donner que très-peu d'eau. Le pétunia étant très-rustique peut vivre partout; mais j'ai appris par expérience et comparaison que cette plante, placée dans

un sol riche et maintenu frais par de fortes
mouillures, y atteignait un développement
et une abondance de floraison telle, que je
l'ai toujours cultivée dans les conditions que
je vous indique. Les variétés à grandes fleurs
que j'ai obtenues ne peuvent prospérer que
dans un sol très-riche.

Dès que les gelées ne sont plus à craindre,
donnez un dernier binage au piochon et au
rateau avant d'y mettre votre plant. Si vos
pétunias n'ont pas été repiqués en pots, at-
tendez un jour sombre ou de pluie. S'ils sont
en pots, tous les temps sont bons. Ce serait
le cas, si l'on n'a pas de petits godets lors du
repiquage, d'y suppléer par des coquilles
d'œufs, comme l'indique la *Revue horticole :*
prenez une coquille; faites au fond de sa ca-
vité un petit trou de 2 à 3 millimètres à l'aide
d'un morceau de bois aiguisé en pointe, et
servez-vous de ce vase improvisé, comme
d'un godet. Mettez en place chaque plant à
50 centimètres les uns des autres. En très-
peu de temps ils se toucheront et couvriront

tout le terrain. Dès lors il ne s'agit plus que de leur donner de copieux arrosements et de pincer en tête, pour les faire brancher, les sujets qui chercheraient à monter sur une seule tige.

De la culture en pots.

Le pétunia étant une plante très-vorace, ne peut vivre longtemps en pots sans beaucoup de soins, et encore finit-il toujours par dépérir. J'ai remarqué aussi que les boutures se comportent mieux en pots que le plant de semis. Je pense que la raison est que ce dernier, poussant avec plus de vigueur, épuise plus promptement la terre et, malgré les rempotages successifs, ne donnera jamais des fleurs aussi belles qu'en pleine terre. J'engage donc à n'employer que des boutures auxquelles on ne laissera que quatre à cinq branches. On leur donnera une terre légère, mais très-riche en humus et en engrais animal. On les arrosera de temps en temps avec de l'eau étendue d'un sixième de purin. Le guano ne leur convient pas du tout : il leur donne une grande végétation en feuillage au détriment des fleurs. Vous aurez soin d'assurer le drainage de vos pots, parce que la stagnation de l'eau leur est funeste. Un moyen qui m'a toujours réussi est de placer sur le trou d'égouttement un tesson ou une écaille d'huitre, et par-dessus, une couche de mousse sèche plus ou moins épaisse, suivant la grandeur du pot. Je ne connais pas de substance dont s'accommodent mieux toutes les plantes, tant de serre chaude que de serre froide. Vous êtes étonnés au rempotage de trouver cette mousse tellement envahie par les racines, qu'on ne peut plus les en débarrasser. Aussi, j'en laisse une partie qui se décompose à la longue et leur sert d'alimentation; de plus, je suis assuré de mon drainage, que rien ne peut déranger, et si j'emploie quelque engrais liquide, la mousse en retient une grande partie.

Quand vous verrez votre pétunia absorber promptement l'humidité de son pot, c'est l'indice qu'il demande un rempotage. Il ne faut pas craindre alors de lui donner un grand vase, c'est une plante très-gourmande et dont les racines ne veulent pas être gênées.

« Quand on verra la tige se dégarnir par le « bas (dit un de nos bons jardiniers de France), « les feuilles et les fleurs se porter à l'extré- « mité des branches, on aura soin de ra- « battre celles-ci à 5 ou 10 centimètres du « sol, sur bois nouveau ; le vieux bois ne « donnant presque jamais de pousses, on « aura successivement plusieurs belles flo- « raisons dans l'année. » Moi, je prétends que la plante arrivée là n'est plus bonne à garder en vase, et que le seul moyen d'en jouir encore est de la mettre après l'avoir ra- battue comme ci-dessus, en pleine terre, où elle se refera très-bien. Ce qu'il y a de mieux est de faire une succession de boutures pour remplacer les pieds épuisés.

Des boutures.

On peut faire des boutures de pétunia en tout temps. Pendant les mois de juin, juillet, août et même septembre s'il est chaud, on les fait en pleine terre à froid. On prend pour cela les tiges herbacées qui poussent au pied des branches mères; on les choisira grosses et autant que possible dépourvues de boutons à fleurs; on les coupe horizontalement au-dessous d'un nœud dont on supprime les feuilles, et on les enfonce à peine d'un centimètre en terre sableuse et douce sur plate-bande à froid. On les arrose avec précaution, car une trop grande humidité les fait pourrir; on les recouvre de châssis ou de cloches que l'on ombre jusqu'à reprise. On ne doit les préserver que-du soleil et non de la lumière, ce qui les ferait jaunir et fondre.

Si vous voulez avoir plus de chances de succès, n'employez que des boutures très-courtes dont on rabat la pointe; conservez un nœud pour plonger dans terre et deux nœuds seulement hors de terre, dont on peut supprimer encore la moitié des feuilles. Plantez-les dans de petits godets, remplis de sable limoneux de rivière, mélangé seulement d'un tiers de terre fine de bruyère. J'arrose bien et je les enfonce dans une plate-bande de sable blanc de rivière de 10 à 15 centimètres d'épaisseur et j'opère ensuite comme plus haut. De cette manière mes boutures ne fondent presque jamais et de plus elles s'enracinent beaucoup plus vite. Une fois reprises, rempotage, privation d'air rendu peu à peu, pour les traiter ensuite comme plantes faites.

Je ferai ici une petite digression au sujet du sable limoneux de rivière: C'est ce sable que laissent au moment des crues, les rivières et les fleuves, dans les endroits où l'eau n'a pas de courant. Il est d'une extrême finesse et contient beaucoup de substances végétales réduites en poudre. Les personnes qui ont le bonheur d'en avoir à leur disposition, sont as-

surées de la reprise de bien des plantes déli-
cates. C'est à l'emploi de ce sable que M. Marie,
horticulteur à Moulins, doit son succès, dans
la multiplication et la culture de ses magni-
fiques bruyères et azalées.

Pour conserver sa collection, on ne doit
faire ses boutures qu'au mois d'août, pour
qu'elles ne soient pas trop fortes et surtout
branchues, ce qui pourrait les faire fondre
pendant la mauvaise saison. D'ailleurs, elles
vous occuperaient inutilement une place trop
considérable. Ayez donc de petits plants,
n'ayant qu'une tige, que vous mettrez, une
fois repris, dans des godets de 8 à 10 centimètres seulement. Leur bois, que vous laisserez bien s'aoûter, leur petite quantité de
feuilles donneront peu de prise à la moisis-
sure. Pour leur faire passer l'hiver, vous creu-
serez à une exposition abritée, sèche et au
midi, une fosse de la dimension des cadres qui
vous seront nécessaires pour contenir vos
pots. Remplacez la terre enlevée, après y
avoir mis vos cadres, par du sable pur de ri-

vière dans lequel vous enfoncerez vos godets.
C'est ordinairement au mois d'octobre que
vous commencerez à les y caser. Vous les laisserez là, les châssis toujours soulevés, jouir de
l'air et du soleil pour bien se durcir. Vous arroserez modérément jusqu'aux gelées. Les pétunias ne craignent pas le froid, à la condition
qu'ils seront bien aoûtés et tenus au sec. Un
simple paillasson ou de la litière d'écurie suf-
fira pour les préserver plutôt de l'invasion de
la neige que de la gelée. Traités de cette manière, ils ont supporté chez moi sans en souffrir les rigoureux hivers de 1860 et 1861, où,
pendant le premier, la température est descendue à 21° centigrades. L'humidité seule leur est
nuisible. Aussi, à partir du mois de novembre,
il ne faut arroser que pour empêcher la plante
de périr. Le sable dans lequel je les plonge, tout
en leur procurant la sécheresse désirable pour
leur salubrité, leur fournit également la dose
d'humidité nécessaire. Il faut s'attacher pendant les mois de décembre et de janvier à procurer à la plante un repos absolu, pour ne la

réveiller que lorsque le soleil viendra vous seconder de sa chaleur. Vous profiterez des temps doux qui pourraient survenir pour les visiter, afin de les débarrasser des feuilles jaunies ou gâtées, et pincer le sommet des tiges qui tendraient à moisir. Il faudra également leur donner le plus d'air possible toutes les fois que la température ne sera pas trop froide, ni surtout humide. Vers février, si le soleil se montre pendant quelques jours, vous pourrez commencer à leur donner un peu d'humidité en les arrosant. Vous vous règlerez sur la température extérieure et la végétation de vos plantes. Quand vous verrez des tiges sortir des aisselles des feuilles, vous rabattrez en ne conservant seulement que trois ou quatre des plus près de terre. Vous leur donnerez des pots de 15 à 16 centimètres et lorsque les nouvelles branches menaceront de toucher le verre, vous mettrez une hausse. Pour peu que le soleil vous vienne en aide, vous pouvez avoir une belle floraison fin avril. J'engage à ne pas sortir vos pots des châssis pour les porter sur la banquette de devant d'une serre, avant que les boutons soient très-avancés : ils s'étioleraient et leur floraison n'aurait plus de valeur.

Les boutons que l'on fait avec les jeunes pousses formées en mars et avril demandent de la chaleur artificielle pour reprendre. Les plants qu'elles formeront seront beaucoup plus vigoureux et leurs fleurs plus belles que ceux faits avant l'hiver. Les fleurs d'une jeune bouture, à moins d'être forcée à contre saison, atteindront toujours le maximum de beauté qui leur est propre.

De la fécondation artificielle.

Depuis quelques années, le commerce s'est enrichi de pétunias à fleurs doubles. Quiconque a possédé quelques-unes de ces variétés a pu se convaincre qu'elles ne donnent pas de graines et que pour les conserver, on était forcé de les bouturer. La raison est que l'organe fe-

melle de la fleur est atrophié. Si vous dissé-
quez une fleur double, vous trouverez une
grande quantité d'étamines ou organes mâles;
vous trouverez aussi 2, 3, 4 pistils ou organes
femelles, plantés sur un ovaire énorme. Ouvrez cet ovaire : au lieu d'ovules ou graines,
vous n'y verrez qu'une agglomération de
pétales et quelquefois d'anthères; pour des
graines pas une seule. La plante est donc im-
propre à la reproduction; donc si vous voulez
avoir de la graine de fleurs doubles, il faut recourir à un autre moyen : c'est la fécondation
artificielle.

Avant d'expliquer le travail mécanique que
nous allons indiquer, il est nécessaire, pour
pouvoir opérer avec succès, d'entrer dans
quelques considérations préalables. En premier lieu, il faut faire un choix judicieux du
pétunia à fleurs simples que vous destinez à
porter graines. Il faudra le choisir autant que
possible dans les variétés à grandes fleurs et
d'une couleur foncée ou présentant quelque
bizarrerie de coloris que l'on voudrait perpé-

tuer. Votre plante sera vigoureuse, et produisant des fleurs sans défauts de conformation sexuelle. Par une belle matinée d'un temps chaud et calme, recherchez sur vos plants de choix les fleurs les mieux faites, portées par les branches mères et non les brindilles; elles devront être entr'ouvertes et prêtes à s'épanouir dans la journée; armé d'une petite pince longue et fine que l'on appelle *Brexelle*, (*fig*. 3) vous l'introduisez dans la corolle, et

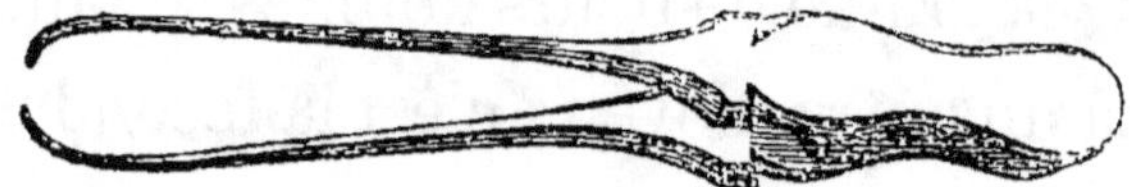

Fig. 3. — Brexelle.

saisissant l'une après l'autre toutes les anthères, vous les enlevez avant qu'elles laissent échapper leur pollen, prenant le plus grand soin à ne pas toucher ni blesser le pistil. Ceci terminé, cherchez dans vos variétés à fleurs doubles, les fleurs les mieux faites, les plus doubles vous entr'ouvrirez doucement les fleurs choisies pour mettre au jour et faire mûrir les nombreuses étamines qui sont renfermées dans les pétales et qui sans cela avortent ou pourrissent. Les fleurs les plus propices sont ordinairement celles qui sont épanouies depuis un jour ou deux.

L'opération que nous allons indiquer, toute simple qu'elle paraisse, demande beaucoup de pratique, d'adresse et de jugement : il faut avoir observé la nature pour en bien suivre les règles. C'est ordinairement de dix heures du matin à deux heures du soir que le pollen se dégage naturellement et féconde la graine. Il faut de la chaleur; aussi, plus la température sera chaude et calme, sans pluie, plus vous serez assuré du succès. De onze heures à deux heures après midi, surveillez donc les fleurs simples que vous avez castrées. Quand vous les verrez bien épanouies et que le stigmate, cette espèce de petite boule qui termine le pistil, sera bien dilaté et recouvert d'une matière visqueuse et brillante, vous aurez la certitude que votre fleur est disposée à recevoir la matière fécondante. Le moment est venu d'aller chercher du pollen sur les fleurs doubles que vous avez éclatées.

Toutes les personnes qui ont écrit sur la fécondation vous disent : prenez un petit pinceau que vous chargerez de pollen et que vous porterez sur le stigmate de la fleur. J'ai toujours rejeté le pinceau dans mes fécondations, pour deux raisons : d'abord, il faudrait un pinceau nouveau pour chaque fleur, sous peine de la féconder d'un pollen resté dans les poils et dont vous ne voulez pas ; la seconde, la plus forte, est que, pour fixer le pollen sur le pinceau, il le faut humecter lorsque, dans le pétunia par exemple, le pollen est sec et pulvérulent. Quiconque a étudié le pollen au microscope a pu se convaincre que la moindre humidité le dénature et lui fait perdre sa vertu fécondante. Je ne discrédite pas pour cela le pinceau : il est de certaines circonstances où l'on ne pourrait s'en passer, quand par exemple on a fait des mélanges de pollen que l'on veut appliquer en même temps, ou que l'on veut opérer sur des fleurs dont on ne peut enlever les étamines. Il faut alors frotter légèrement votre pinceau sur le stigmate visqueux

de la fleur que vous avez choisie pour père,
le pollen s'y fixera en grande quantité. La matière gluante qui est sur le stigmate produit
bien la décomposition, mais elle n'a lieu qu'au
bout d'un certain temps, variable suivant les
familles, tandis que l'eau la provoque ins-
tantanément.

Secouez sur un morceau de verre un peu
de pollen de pétunia, placez-le au foyer de la
lentille d'un microscope, vous verrez que
chaque grain, invisible à l'œil nu, ressemble
à un petit œuf, ou mieux, affecte la forme d'un
énorme grain de froment. Il contient dans
son intérieur une poussière infiniment té-
nue, d'une couleur foncée, collée aux parois
de la membrane enveloppante, comme à un
placenta, et laissant au centre un vide, oc-
cupé par un gaz et non *un liquide*. Si avec
un petit morceau de bois très-affilé, vous y
portez une petite goutte d'eau, vous voyez
immédiatement tous ces petits œufs se gon-
fler avec effervescence; de couleur foncée et
opaque devenir transparents; d'elliptiques,

complètement sphériques en doublant de volume. Quel phénomène s'est-il produit? l'eau a été absorbée par endosmose à travers la membrane, s'est précipitée dans le vide du centre en détachant les corpuscules séminaux que l'on voit tournoyer dans le liquide introduit; puis le calme se fait et le tout se dessèche sans aucune expansion.

Que se passe-t-il quand le pollen est appliqué sur le stigmate? La liqueur visqueuse est absorbée lentement, comme par un travail de décomposition; le grain de pollen se gonfle peu à peu, en produisant, vers la partie qui est en contact, un petit prolongement en forme de tube qui s'engage dans un des pores du stigmate et y verse sa semence.

J'ai souvent examiné ces membranes en les enlevant après leur expansion et je leur ai toujours vu ce petit tube de prolongement exactement de la même longueur, ce qui n'aurait pas lieu si le tube se brisait dans l'extraction. Je ne suis donc pas de l'avis de nos savants professeurs qui prétendent que ce tube pollinique s'allonge jusqu'à l'ovaire pour s'appliquer sur la graine.

L'extraction des membranes paraît de prime-abord très-difficile, pour ne pas dire impossible. On l'obtient cependant très-facilement en soumettant le stigmate à l'aspiration d'un appareil pneumatique. Je me suis toujours servi avec succès d'une petite seringue à injection en verre que j'ai appropriée à cet effet en en brisant la pointe à tube capillaire. Muni d'une membrane en caoutchouc, J'y perce un trou assez petit pour que, après l'avoir étirée, mon pistil ne puisse s'en échapper une fois passé dedans. Vous avez, pour cela, coupé votre pistil, plus ou moins long, peu importe, puisque la membrane du pollen ne s'allonge que d'environ 4 à 5 fois le diamètre du grain, et c'est par le bout coupé que vous l'introduisez dans le caoutchouc, jusqu'à ce que le stigmate soit appliqué contre.

Prenant votre seringue, vous retirez le piston d'un centimètre, et le vide ainsi obtenu sera rempli d'eau. Vous fixerez alors avec du fil la membrane de caoutchouc sur le bout de la seringue, le stigmate tourné en dedans, et par conséquent dans l'eau. Si votre piston va convenablement, en le retirant vivement vous produisez un vide, les membranes seront forcément attirées. En prenant la précaution de tenir votre instrument dans une position verticale, pour que l'eau soit toujours en contact avec le stigmate, le liquide les recevra et il vous sera alors facile de les examiner avec le microscope.

Je dois avouer que mon expérience m'a très-bien réussi quand j'ai opéré sur des pistils à stigmate d'une seule pièce, comme les lis, fuchsia, pétunia, etc.; mais que j'ai toujours échoué pour les stigmates divisés, comme les tigridies, géranium, etc.

Les espèces de tuyaux dont se compose le pistil, sont remplis du liquide sirupeux qu'exsude le stigmate, mais dans un état très-fluide. Il prend une consistance épaisse et gélatineuse dès que la matière fécondante

est en voie d'absorption. C'est ce liquide con-
cret et presque solide que l'on a pu prendre
pour la prolongation du tube pollinique; mon
opinion est que le seul véhicule de la semence
est ce liquide lui-même, qui la porte par absorption jusqu'à l'ovaire par un boyau existant
d'avance, et que la membrane du grain de
pollen ne s'allonge que jusqu'à une profondeur suffisante pour empêcher l'expansion
extérieure. Après l'application du pollen, il se
passe deux phénomènes qui viennent encore
mieux confirmer mon dire. C'est d'abord un
refoulement complet du liquide pollinifer jusqu'aux ovaires, ce que l'on reconnaît au dessèchement du stigmate. Puis, quelque temps
après, probablement quand l'œuf est fécondé,
il se produit un flux si abondant par tous les
pores du stigmate que ce même liquide s'en
échappe souvent en une grosse goutte. Dans
le premier mouvement, le liquide conducteur
en se refoulant se condense, ou bien en se con-
densant se refoule; tout le sirop répandu sur
le stigmate est absorbé, entraînant avec lui

les grains de pollen qui, étant trop gros, s'ar-
rêtent sur les bouches des conduits du pistil.
Le refoulement poursuivant sa marche produit une vraie ventouse ; la membrane du
grain de pollen est obligée de s'allonger jusqu'au moment où elle en éclate et laisse échapper sa semence. Dans le deuxième, le sirop
pollinifer ayant rempli son rôle et se trouvant
en surabondance, tous les vaisseaux se dégor-
gent et d'une manière si abondante dans quelques espèces, comme les lis par exemple,
qu'il se forme une goutte très forte sur le stigmate. Si l'on reçoit ce liquide sur un morceau de verre pour l'examiner au microscope, on le voit rempli de membranes vides
de pollen qui ont été entraînées dans la sortie.
Les unes affectent la forme de petites cornues,
ce sont celles qui ont servi à la fécondation ;
les autres, dépourvues de hernies, ce sont
celles qui, se trouvant en surplus, n'ont pu
épancher leur semence.

J'ai conservé souvent d'une année à l'autre
du pollen de pétunia, en enlevant des anthè-

res fraîchement éclatées et en faisant dessécher le tout promptement et à l'ombre, dans
un appartement sec et chaud, sur une feuille
de papier; puis, enfermé simplement dans une
petite boîte de carton. J'en ai toujours obtenu,
quand aucune circonstance imprévue n'est
venue l'avarier, des résultats aussi satisfai-
sants qu'avec du pollen frais.

Cette facilité de conservation, jointe aux ob-
servations que j'ai tentées, m'ont convaincu
que dans le pollen, de beaucoup de plantes
du moins, la poussière fécondante y était ren-
fermée à l'état sec, et que la liqueur nommée
Fovilla par les botanistes ne s'y formait que
par absorption, et que quand il était en contact avec un liquide propre à la former.

La liqueur qu'exsude le pistil est non-seulement propre à l'absorption, mais encore à
l'expansion de la semence pollinique, puisque
c'est elle qui forme la Fovilla. Si l'on veut
avoir un résultat certain dans les mariages
entre espèces, il est de toute nécessité d'imprégner la surface du stigmate que l'on veut

féconder, avec la liqueur secrétée par le stigmate lui-même de la fleur qui fournira le pollen. Pour cette opération, la manière la plus simple est de couper la fleur choisie pour mâle, et d'appuyer très-délicatement son stigmate sur celui de la fleur à féconder, de manière à l'imbiber partout, avant d'y placer le pollen. Je pense que le sirop des Nectaires pourrait remplir le même office, mais je ne l'ai pas expérimenté. Je suis encore convaincu qu'à l'analyse chimique, on trouverait des différences sensibles dans la composition des sirops secrétés par chaque espèce de plantes. Ce serait cette différence qui s'opposerait à la formation de la Fovilla chez certains pollen, et par conséquent à la fécondation de la fleur.

En 1856, j'essayai de féconder des fleurs de pétunia, alors très-petites, avec le pollen de différentes variétés de datura, et entre autres par une variété à grandes fleurs de *datura stramonium* indigène , que j'avais obtenue de semis. Toutes mes fleurs avortèrent, excepté une seule de celles fécondées

par mon stramonium, et dont j'avais impré-
gné le stigmate, comme je viens de l'indiquer
et sans intention : ayant égaré ma pince, je
m'étais servi du pistil du stramonium chargé
de son pollen comme d'un pinceau. Quoique
n'ayant pas beaucoup de foi dans la certitude
de ce produit, je n'en semai pas moins les
quelques graines ainsi obtenues avec beaucoup de soins. Dès l'apparition des feuilles
du semis, je remarquai un grand change-
ment chez deux ou trois sujets : leurs feuilles
en étaient très-grandes, arrondies, ondulées,
et d'une couleur jaunâtre, donnant à la
plante une teinte semi-chlorotique. Mais
quel ne fut pas mon étonnement en voyant
la fleur d'un, surtout, allongée en entonnoir
à divisions du limbe renversées, ondulées et
comme gauffrées ; d'une texture épaisse
comme du parchemin et mesurant 16 centimètres de diamètre !...

Je recommençai mon croisement avec les
datura sur ce sujet et d'autres, mais sans aucun succès. Les fleurs de mon hybride ne se

fécondaient pas d'elles-mêmes. Je n'eus d'autres graines que celles que j'avais provoquées par son propre pollen, et par d'autres pétunias. Au semis, je n'obtins guères qu'un dixième des plants de la variété créée, tous les autres étaient retournés à la souche à petites fleurs. Que le datura y fût pour quelque chose ou non, j'étais en possession d'une admirable variété.

Venait de paraître le premier pétunia à fleurs doubles, petites rosettes toutes blanches. Je fécondai de son pollen une grande quantité de fleurs de diverses nuances. L'année d'après 1859, j'apportais à l'exposition de Moulins (Allier), une collection de pétunias doubles et simples, dont les fleurs mesuraient toutes de 15 à 18 centimètres de diamètre. Le jury, émerveillé, leur décerna une grande médaille de vermeil, ce qui n'avait encore jamais été fait pour un amateur.

Ce furent ces variétés à fleurs doubles, données à un horticulteur distingué du pays, M. Marie, qui, mises dans le commerce, ser-

virent aux jardiniers à améliorer leurs pétunias. Mais depuis, elles se sont abâtardies
entre leurs mains, n'ayant pas la fleur simple
pour maintenir la race.

Chaque année, je m'appliquais à épurer et
perfectionner mon type; quand, en 1861, ne
pouvant m'ôter de l'idée, malgré mes échecs,
que le datura n'y fût pour quelque chose, je
recommençai mes expériences avec le stramonium, ayant reconnu que le pollen des
autres daturas, renfermait une semence trop
grosse pour être absorbée. Cette fois, il n'y
avait plus à douter; les produits étaient de
vrais mulets, complétement infertiles. Les
fleurs en étaient très-allongées, les lobes
étroits et peu étalés ; en définitif, ayant peu
de valeur, comparées à leurs sœurs du premier sang.

Le 24 juillet 1862, j'en présentai deux grandes caisses de fleurs coupées à MM. Vilmorin-
Andrieux, qui, sans se douter de leur origine, leur trouvèrent la plus grande ressem-
blance avec des daturas.

Je me suis si longuement écarté de mon sujet, cher lecteur, que j'allais oublier de vous indiquer la manière dont j'opère dans mes fécondations.

Au lieu d'un pinceau, je me sers uniquement du brexelle. Je coupe donc une fleur du père que j'ai choisi et dont les anthères, bien éclatées, sont recouvertes d'une poussière bleue, je reviens vers mes fleurs à féconder, et, saisissant avec ma pince, adroitement et sans l'ébranler, une des anthères chargée de pollen, par le filet qui la porte, je l'applique très-légèrement sur le bout du pistil, la glu qui le recouvre retient la poussière bleue, l'opération est faite.

Pour augmenter la chance d'obtenir des variétés de la graine que l'on travaille, il est nécessaire de recommencer immédiatement la même opération avec le pollen de différentes variétés. Pour cela, vous ne touchez la surface du stygmate qu'à un seul endroit, de manière à laisser de la place pour les autres. J'ai la certitude, non-seulement, qu'une fleur conçoit de tous les pollen qu'on lui applique, mais encore qu'une graine *seule* peut recevoir la semence de plusieurs pères. Quant à la durée de son aptitude à la conception, elle est subordonnée à l'état de l'atmosphère : en général, pour le pétunia elle est de deux jours. Depuis que j'ai reconnu qu'une fleur, une fois que son stigmate a été complétement barbouillé de pollen, ne peut plus en recevoir d'autres, je me suis dispensé d'isoler les fleurs fécondées par des sacs de mousseline.

Pour reconnaître les capsules contenant les graines travaillées, j'attache au pétiole de la fleur, avec un morceau de fil, un petit carré de parchemin portant les numéros des pères, pour me rendre compte plus tard de la réussite de mes opérations et de leur provenance. C'est ainsi que j'ai reconnu que, quand on cherche à reproduire une bizarrerie de coloris, il est très-rare qu'on l'obtienne l'année d'après, mais presque à coup sûr les années suivantes. Pour me mieux faire comprendre, je citerai un exemple. Vous fécondez une fleur unicolore par une autre bordée de vert. Il est plus que probable que de la graine qui proviendra de ce mariage, vous n'obtiendrez aucun sujet ayant des fleurs bordées vert; mais, de la graine de ces sujets, quoique n'étant pas refécondés par un bord vert, il est certain que vous en obtiendrez et cela pendant plusieurs années.

Quant à la durée germinative de la graine de pétunia, j'en ai fait germer après cinq ans de conservation.

CULTURE DU GÉRANIUM.

Depuis quelques années, le genre géranium s'est tellement perfectionné par les heureux semis de MM. Crousse, Babouillard, Lemoine, Rendatler et autres, que cette plante est devenue une des plus belles et des plus ornementales pour la décoration des parterres. Ces nouvelles plantes sont recommandables non-seulement par leur longue et abondante floraison, mais encore par l'ampleur et les belles nuances de leur feuillage. Le type primitif à fleurs petites et étroites, s'est transformé en d'énormes corymbes atteignant chez certaines variétés les dimensions de ceux de l'hortensia ; leurs fleurs grandes , rondes, brillent des coloris les plus variés. Du vermillon, du minium, du carmin passant au blanc pur par toutes les gradations de ces couleurs et par les teintes les plus vives et les plus veloutées.

Nous avons reçu d'Angleterre, avec les annonces les plus pompeuses, une variété dite *nosegay*. Je suis encore à comprendre ce qui a pu lui procurer cette vogue. Son nom nosegay semblait annoncer un bouquet énorme, ou bien une floraison extraordinaire. Rien, jusqu'à présent, n'est venu justifier ce titre, et, sous tous les rapports, c'est une plante détestable.

En revanche, je proclamerai hautement les admirables variétés à feuilles panachées, obtenues par nos voisins d'outre-Manche. Ce sont de vrais bijoux, rivalisant par la bizarrerie et la diversité des couleurs de leur feuillage avec les plantes les plus ornementales de nos serres.

Par le semis des graines du geranium Tom Pouce, il s'est produit fortuitement et en même temps plusieurs sujets à fleurs doubles dans le Puy-de-Dôme et dans l'Allier. La plus belle variété est sans contredit celle dont Van Houtte, de Gand, a acquis l'édition. Je l'ai vue en fleur chez notre aimable et savant professeur, M. Henri Lecoq. C'est une charmante rosette aussi double qu'une renoncule et formant un assez volumineux corymbe. Elle a le défaut pour le semeur de n'avoir pas, ou du moins très-rarement, des étamines fertiles. La variété obtenue par mon voisin M. Nestor Lesbre, quoique un peu moins double, fournit du pollen en abondance.

Du semis.

Le semis des graines de geranium se fait à deux époques : 1° Aux mois de juin et de juillet pour la première récolte de graines. Les sujets qui en proviennent peuvent, pour la plupart, fleurir avant l'hiver; 2° au mois de mars, pour les graines conservées ou de deuxième récolte.

On sème en pots ou en terrines, remplis du même compost et de la même manière que j'ai indiquée pour le pétunia. Il faudra avoir soin de débarrasser les graines de leurs aigrettes.

En juin et juillet, la température extérieure étant ordinairement suffisamment chaude pour la germination, vous pourrez placer votre terrine, recouverte d'un morceau de verre, dehors à l'ombre. Si cependant la température ne s'élevait pas la nuit à plus de 12 ou 15° centigrades, il faudrait recouvrir le tout d'une cloche, seulement jusqu'à la levée des graines. Alors il faudra donner un peu d'air en soulevant de 2 centimètres la feuille de verre et du côté opposé au vent, jusqu'à entière germination. Un point essentiel est, pendant tout ce temps-là, de préserver totalement la terrine du soleil, depuis le matin jusqu'au soir; de la maintenir toujours suffisamment humide. Vous ne la découvrirez complétement que quelques jours avant le repiquage du plant : ce qui aura lieu dès

qu'il aura deux feuilles, outre les cotylédons.
On devra le transplanter isolément dans un
petit godet, en employant le même compost
que pour le semis. On arrose suffisamment
et on les laissera quelques jours à l'ombre et
à l'étouffée sous cloches ou châssis pour la
reprise.

Dès que votre plant bien repris aura tapissé
de ses racines les petits godets, il faudra songer à leur donner de plus grands pots (10 centimètres de diamètre). La terre que vous pré-
parez pour ce rempotage, devra être moins
sableuse et plus riche en humus que pour le
semis. La composition suivante m'a toujours
bien réussi : 1/4 terre de bruyère, 1/4 terreau
de couches, 1/4 détritus de jardins ou terreau
consommé de feuilles et de bois, et 1/4 sable
fin. Le tout bien brassé et passé seulement
à la claie.

Le jeune plant rempoté doit être placé immédiatement, les pots enfoncés en terre,
dans une plate-bande aérée, et placés de manière à être abrités du soleil seulement de

midi à deux ou trois heures du soir. De temps en temps on les arrosera avec de l'eau contenant un dixième de purin. J'ai appris par expérience que les engrais liquides concentrés nuisaient toujours à l'ampleur et à la beauté de la floraison. Le léger bouillon que je leur donne n'est que pour maintenir la fertilité de la terre et non pour pousser la plante. L'action des engrais puissants agissant toujours sur la feuille au détriment des fleurs, il faudra les employer avec la plus grande circonspection. Il n'en sera pas de même dans la culture des bégonia, caladium, bananiers et autres plantes dont la beauté réside dans l'ampleur du feuillage : le liquide manure (prononcez miniore) des Anglais, administré judicieusement, leur procure une vigueur incroyable. Je crois faire plaisir au lecteur, en lui indiquant la manière de préparer ce liquide. Dans un coin du jardin, caché dans un massif d'arbres, je place un tonneau défoncé d'un côté que je remplis de purin. Puis j'y verse environ dix litres de colombine, cinq à six litres de sang provenant de l'abattoir ou des saignées de chevaux ou bêtes à cornes, enfin un kilogramme de sulfate de fer ou couperose, autant pour désinfecter que pour mettre une certaine quantité de fer dans mon mélange. On remue bien le tout avec un rateau plusieurs fois dans la journée. Quand le liquide s'est clarifié par le repos, il est bon à employer à raison d'un litre par arrosoir d'eau pure, ce qui fait à peu près un dixième d'engrais, que l'on peut augmenter progressivement jusqu'à la dose d'un sixième pour certaines catégories de plantes.

A la cinquième ou sixième feuille suivant la vigueur et la hauteur du jeune sujet, je le pince en tête pour faire développer des branches latérales : ce sont ces branches qui me donnent les premières fleurs. Après ce pincement, il est presque toujours nécessaire de faire un second rempotage dans des pots de 3 à 4 centimètres plus grands. Comme on n'a jamais de racines à supprimer dans ces

différents rempotages, ils peuvent se faire
par tous les temps. La seule précaution à
prendre est de ne donner à chaque sujet
qu'un pot proportionné à sa taille et à sa vigueur, et plutôt petit que trop grand. C'est
un point essentiel pour toutes les plantes en
général.

Des boutures.

Les boutures de géranium peuvent se faire
en tout temps; pendant les mois de juin, juillet, août et septembre, elles se font dehors
à froid. Si vous avez une collection à conserver, le meilleur moment est le mois d'août.
Pour cela, vous choisissez sur vos sujets les
pointes les plus vigoureuses, d'une longueur
de 5 à 6 centimètres; vous les tranchez par
une coupe bien vive sous un nœud foliaire,
dont on supprime les deux feuilles. Vous les
enfoncez de 2 à 3 centimètres, dans une plate
bande préparée en plein nord, le long d'un
mur ou d'un massif d'arbres et composée

uniquement de sable fin de rivière, ou, faute de mieux, de terreau très-sableux. Vous les alignez par variétés, avec une étiquette en tête du rang pour les reconnaître. Vous mouillez copieusement avec un arrosoir à pomme, en prenant garde de déranger vos boutures. Vous ne leur donnez aucun abri, et n'avez d'autre soin que de maintenir le sable humide. En quinze jours à un mois, toutes vos boutures seront enracinées; ce que l'on reconnaît à la végétation. Pour les extraire, vous arroserez abondamment la plate-bande de sable, ce qui vous permettra de les arracher sans endommager les racines. Celles qui en auront seront immédiatement placées dans de petits pots; celles qui n'en auront pas seront renfoncées dans le sable. Les nouvelles rempotées, placées d'abord à l'ombre pendant une huitaine, seront portées au soleil, les pots enterrés, pour y attendre les rentrées en serre.

Les boutures se font admirablement bien en serre pendant les mois de décembre, janvier et février, si l'on a soin de les mettre dans de très-petits godets remplis de terre de bruyère sableuse. Vous les dispersez dans tous les coins et sur les grands pots, n'occupant ainsi que des places perdues; traitées ainsi, elles s'enracinent lentement, il est vrai, mais à coup sûr et sans peine; pourvu qu'elles ne soient pas dans des endroits trop humides et trop ombragés. J'oubliais de dire qu'il est presque indispensable, dans cette circonstance, de laisser la plaie de section se sécher pendant quelques jours, avant de placer les boutures dans les godets.

Dans une serre à multiplication, ces mêmes godets plongés dans la tannée, et soumis à une température de 20 à 25° centigrades, et sans autre couverture que la toiture de la serre, s'enracinent en deux ou trois semaines. J'ai remarqué que ces boutures, faites à chaud en janvier et février, formaient des sujets plus vigoureux que celles faites à froid à l'automne.

Culture en pots et pleine terre.

Le géranium se comporte très-bien cultivé en pots. Par une taille judicieuse, on parvient à lui donner de très-belles formes ; celle qui lui convient le mieux, et que l'on peut atteindre sans beaucoup de peine, est la forme en buisson sphérique. Nous allons essayer d'indiquer clairement la manière d'opérer ; mais je dois prévenir que l'on ne peut guère espérer de l'obtenir, si l'on n'a une serre à sa disposition.

Les meilleurs sujets sont, comme je viens de le dire, les boutures faites en janvier et février, de pointes de branches non tronquées. Dès qu'elles sont bien enracinées, vous les placez dans des pots de 10 centimètres sur la banquette de devant de la serre. Je parle ici de serre tempérée à camélias et azalées, maintenue dans les mois d'hiver entre 2 et 8° centigrades au maximum. Dans les premiers jours d'avril, le soleil étant assez chaud pour exciter une bonne végétation, je visite mes boutures; toutes celles dont la motte se trouve bien garnie de racines, s'étendant en gros suçoirs, sont immédiatement mises dans des pots de 15 centimètres. Pour faire allonger ma bouture, je supprime avec le canif tous les yeux qui pourraient se former dans les aisselles des feuilles ou à la base de la tige, jusqu'à la hauteur de 10 à 12 centimètres, en respectant bien le bourgeon terminal et toutes les feuilles saines de la pile. A partir de cette hauteur, je laisse librement se développer quatre feuilles et je coupe la tête immédiatement au-dessus de la quatrième feuille. Ce pincement occasionne la sortie de trois ou quatre branches, dont vous pincerez également la pointe dès qu'elles auront produit elles aussi quatre feuilles. Vous supprimerez en même temps toutes les feuilles de la pile dont vous aviez castré les yeux et que vous aviez ménagées pour la formation des racines. Pour obtenir les trois ou quatre pre-

mières branches dont nous venons de parler,
de même force et de même longueur, il est
de toute nécessité d'employer le procédé suivant :

Il est reconnu en horticulture que la sève
se porte avec d'autant plus de force dans les
branches d'un végétal, que ces parties approchent le plus de la direction verticale et
qu'elles sont plus rapprochées de la lumière.
Ceci reconnu, en élevant ou abaissant les
branches, suivant leur degré de vigueur; en
tournant les parties faibles du côté du jour,
on se rend maître de la sève, qui finit par s'é-
quilibrer.

On ne tourmente pas toujours impunément
les branches d'un géranium, les pousses et les
branches en sont extrêmement fragiles ; il
faut agir lentement et avec précaution ; tous
les trois ou quatre jours on abaisse un peu
la branche, jusqu'à ce qu'elle se trouve à la
place qui lui est destinée. Pour obtenir ces
différentes directions commodément, je commence par entourer mon pot d'un fil de fer

placé au-dessous du cordon. Pour l'y maintenir et l'isoler du pot, j'y place quatre petits coins de bois enfoncés avec force de bas en haut. Puis avec du fil de fer galvanisé ou de zinc, je fais des crochets de la longueur voulue. Quand j'ai une branche à abaisser, je passe un crochet entre le lien et le pot, j'accroche la branche et je n'ai qu'à tirer doucement le fil, puis à le courber sur le lien du pot pour fixer le tout.

A partir de ce moment, je laisse se développer librement toutes les branches et les fleurs. Ces dernières auront été impitoyablement supprimées dès l'apparition des boutons. Je n'aurai d'autre soin, pour équilibrer la sève dans toutes les nouvelles branches, qu'à pincer les plus vigoureuses, au-dessus d'un œil bien formé, quand elles menaceront de prendre un trop grand développement. Arrivé à ce point, mon sujet a pris une jolie forme, bien arrondie. Soit que l'on continue à le cultiver en pots, soit qu'on le place en pleine terre, vous êtes assurés d'avoir jusqu'à la rentrée en serre une belle et abondante floraison. Il ne s'agit que de bien former la charpente, on façonne le reste par les pincements.

Je ne compte pas ici entrer dans les détails des procédés employés pour former ces énormes spécimens que l'on admire dans les expositions, c'est à peu près ce même traitement continué pendant 18 à 20 mois.

Il va sans dire que les crochets seront maintenus tant que la branche fixée n'aura pas atteint le degré de raideur pour rester d'elle-même où on l'aura placée. Les sujets pour massifs de pleine terre demandant moins de perfection, en seront débarrassés plus tôt et au moment de la plantation.

Sous peine de me répéter, je ne parlerai plus de leur traitement hygiénique. Je dirai seulement qu'à partir de la fin de juin, le séjour de la serre ne leur convient plus, à moins que les vitraux ne soient remplacés par des claies. Les sujets cultivés en pots, rempotés plus largement s'il est nécessaire, seront placés au grand soleil, enterrés jusqu'au cordon. On les arrosera au besoin; des seringages le soir après une chaude journée leur seront très-salutaires. Les sujets mis en pleine terre, demanderont une mouillure plus abondante et plus répétée, et seront paillés avec du fumier court pour éviter le dessèchement du sol.

Rentrée et culture hivernale.

Au commencement d'octobre il faudra songer à soustraire vos géraniums à la fraîcheur trop vive des nuits. Par un temps sec, les sujets de pleine terre seront arrachés autant que posssible en motte; on leur retranchera toutes les parties herbacées jusque sur bois fait, et on les placera tels, sous les gradins de la serre, ou derrière les grands pots dans les endroits les plus secs. Pourvu qu'ils ne soient pas mouillés, ils passeront ainsi parfaitement bien la mauvaise saison. En mars et avril, en les remettant en pots après les avoir débarrassés de leur vieille terre, et rafraîchi les racines, ils entreront en végétation.

Les sujets cultivés en pots continueront dans la serre, sur une banquette ou des rayons près du verre, leur floraison, que l'on pourra prolonger, par des arrosements très-modérés pendant tout l'hiver. Vous les cesserez à peu près complètement en janvier et février, pour leur donner ce moment de repos indispensable à une nouvelle végétation vigoureuse.

En mars ou avril, suivant la reprise de la végétation, vous rabattrez judicieusement toutes les branches sur deux yeux bien formés, supprimant tout ce qui pourrait donner de la confusion. Après leur avoir enlevé deux centimètres de vieille terre, vous les placerez dans des pots de deux centimètres plus grands que ceux où ils étaient. Ils y passeront tout l'été suivant, en leur donnant de temps à autre un léger bouillon de purin additionné

d'une faible dissolution de colle forte (5 gram-
mes par litre de liquide.) Ces mêmes pieds
mis en pleine terre au mois de juin, y formeront des sujets très-vigoureux et très-flo-
rifères. Les personnes qui n'auraient pas de
serre à leur disposition, leur feront passer
l'hiver sous châssis, de la manière indiquée
pour le pétunia. Comme la moindre gelée
peut détruire cette plante, on prendra toutes
les précautions nécessaires pour l'en préserver, par des paillassons, de la litière sèche ou
des feuilles amoncelées. On leur donnera de
l'air toutes les fois que le temps sera sec et
le thermomètre à 3° ou 4°. On ne les arrosera jamais, quelle que soit la sécheresse de
leur terre, pendant les mois de décembre, janvier et février. En mars ou avril, suivant la
reprise de la végétation, etc., on les traitera
comme je viens de l'indiquer.

Fécondation artificielle.

La fécondation artificielle s'opère très-facilement chez le géranium ; mais on ne peut être bien assuré de son travail que dans une serre. Les étamines sont si peu solides, que le moindre souffle les arrache et les emporte. De plus, le pistil, divisé en 5 petites lanières, exsude une si petite quantité de liqueur, qu'il se dessèche très-promptement à l'air libre. Pour cette opération je me sers uniquement de la petite pince dite brexelle, soit pour enlever les étamines, avant leur déhiscence, soit pour les saisir et les appliquer sur le pistil quand il s'est divisé : ce qui a lieu presque toujours le lendemain de l'ouverture de ses propres anthères ; aussi, une fécondation instantanée chez ces plantes n'est jamais à craindre. La graine se forme et mûrit promptement, on ne la récolte que lorsqu'elle se détache d'elle-même, et se trouve suspendue par son aigrette soyeuse.

4.

Je crois rendre service à mes lecteurs en leur donnant la liste des plus belles variétés mises dans le commerce jusqu'à l'année 1864. Ce choix est fait sur plus de cent variétés.

1° *Orange ou Vermillon, bordé blanc.*

MARIE CROUSSE (*Crousse*). Saumon orangé vif, largement bordé blanc, large fleur, forte ombelle.

SOUVENIR DE L'ISÈRE (*Plaisançon*). Vermillon orangé, centre et bords blancs, grande fleur, forte ombelle.

LÉONIE NIVELET (*Rendatler*). Saumon clair bordé blanc, large fleur, grosse ombelle.

EUGÉNIE MÉZARD (*Babouillard*). Saumon orangé, œil et bords blancs, grande fleur, assez forte ombelle.

HERMANN STENGER (*Crousse*). Vermillon feu bordé blanc, grosse ombelle, large fleur.

MADAME LIERVAL (*Crousse*). Vermillon saumoné bordé blanc, énorme ombelle.

FRANÇOIS DESBOIS (*Van Houtte*). Orange vermillon largement bordé blanc, grande fleur, forte ombelle.

FRANÇOIS DEPERROIS (*Deperrois*). Orange saumoné, œil et bords blancs, très grosse ombelle.

M. RENDATLER (*Rendatler*). Vermillon saumoné largement bordé blanc.

M. BARRE (*Babouillard*). Orange saumoné, œil et bords blancs, énorme ombelle 1er ordre.

2° *Ecarlates et ponceaux.*

EBLOUISSANT (*Nardy*). Ecarlate velouté, œil blanc, grande fleur, grosse ombelle.

IMPÉRIAL (*Richalet*). Ecarlate foncé, grande fleur, très grosse ombelle.

MARIE VINCENT (*Crousse*). Ecarlate foncé, énorme ombelle 1er ordre.

LÉON ROLLAND (*Nardy*). Ponceau saumoné, grande fleur, grosse ombelle.

DERBLITZ (*Hock*). Ecarlate brillant, large œil blanc, très-grande fleur, ombelle moyenne.

FEU DE MAGENTA (*Boucharlat*). Ponceau feu, très-grosse ombelle.

VOLCAN (*Domage*). Vermillon pourpré, fleur moyenne, très-grosse ombelle.

3° *Vermillon foncé.*

M. MADELEINE (*Lemoine*). Vermillon, œil blanc, grande fleur, grosse ombelle.

CARLO DOLCI (*Lebois*). Orange, forte ombelle.

MELCAM (*Nivelet*). Cerise carminé vif, grosse ombelle 1er ordre.

WILLEM SCHEURER (*Crousse*). Rose carminé foncé, grande fleur, moyenne ombelle.

MARIE RENDATLER (*Lemoine*). Rose vermillon vif, énorme ombelle 1er ordre.

4° *Vermillon clair*.

MARQUIS DE SAINT-INNOCENT (*Nardy*). Vermillon clair, grande fleur, moyenne ombelle.

JEAN VALJEAN (*Lemoine*). Vermillon clair orangé, lavé de laque et de blanc, grande fleur, moyenne ombelle.

RODOLPHE ABEL (*Crousse*). Cerise, grande fleur, énorme ombelle 1er ordre.

MADAME RENDATLER (*Nardy*). Rose vif carminé, grande fleur, très-grosse ombelle 1er ordre.

LUCRÈCE (*Domage*). Cerise, forte ombelle.

PERFECTA (*Boucharlat*). Rose teinté violet, grande fleur, grosse ombelle.

CHRISTIAN DEEGEN (*Lemoine*). Cerise clair, énorme ombelle 1er ordre.

5° *Blanc carné et rose*.

ANTONY LAMOTTE (*Babouillard*). Blanc carné, large centre, rose vif, grosse ombelle.

AUGUSTINE NIVELET (*Nivelet*). Rose carné, bords plus clairs, grosse ombelle.

MADAME BARRÉ (*Crousse*). Saumon clair, nuancé et bordé blanc, grosse ombelle.

BEAUTÉ DE SURESNE (*Cassier*). Rose de Chine (*coloris unique*) 1er ordre.

6° *Blanc pur*.

Madame Vaucher (*Babouillard*). Blanc, teinté de rose au centre, forte ombelle.

Mademoiselle Marthe Vincent (*Nardy*). Blanc ombré lilas, forte ombelle.

Madame Barillet. Blanc pur, forte ombelle 1er ordre.

Madame Werlé (*Babouillard*). Blanc pur, pétales bordées de vermillon, carminé au centre de la fleur.

CULTURE DE LA PENSÉE.

Peut-on désirer une plante plus charmante, plus florifère, et garnissant mieux un parterre que la pensée, toujours en fleurs depuis les premiers beaux jours jusqu'aux gelées; qu'on la place en bordure ou en massifs, elle flatte toujours agréablement l'œil par les teintes les plus douces comme les plus vives, par son riche velouté, dont bien peu de plantes approchent.

Je me suis demandé bien souvent pourquoi cette jolie plante tendait chaque jour à disparaître de nos jardins. J'ai d'abord accusé la mode, le caprice du moment, qui adopte aujourd'hui telle ou telle plante pour la délaisser ensuite; enfin sa grande ancienneté. Toutes ces raisons me paraissant peu valables, j'en ai cherché la cause dans sa culture et là, en effet, j'ai trouvé des accusations graves : c'est, dit-on, que très-belle au commencement, elle dégénère, devient malade et chétive, dès l'apparition des chaleurs de l'été ; et malgré tous les soins qu'on lui porte, on n'en peut plus obtenir que quelques fleurs sans valeur. A qui la faute ? Si vous voulez être franc, n'accusez que votre manque de réflexion, votre fâcheuse routine, qui vous retient dans une voie tracée par des personnes irréfléchies. Parce que l'on vous dit qu'une plante pousse mal dans telle condition, devez-vous pour cela ne pas essayer si elle ne réussirait pas mieux dans une autre. Si vraiment ! c'est par les expériences que l'horticulture fait des progrès.

Je vais donc vous tracer la règle de conduite que vous avez à suivre pour obtenir une ample floraison depuis le printemps jusqu'aux gelées. Je ne compte pas vous divulguer un secret : les succès que j'ai toujours

obtenus dans la culture de cette plante, proviennent uniquement d'avoir su lui donner
l'exposition qui lui convient.

Du semis.

La graine de pensée doit toujours se semer
de juillet en août, soit en terrines soit en
pots, dans la même terre et de la même manière indiquée à l'article pétunia. Seulement
les graines doivent être un peu enterrées et
les terrines placées en plein nord, complètement abritées des rayons solaires par un
massif ou un mur. Ainsi placées, vous les
visiterez de temps en temps pour bassiner,
s'il est besoin, car il ne faut jamais laisser
dessécher la terre, et faire en sorte de la
maintenir dans une humidité raisonnable :
ce que l'on obtient facilement en plaçant sur
les pots ou terrines de simples feuilles de verre
que l'on enlève dès que le plant est né. C'est
une méthode que je recommande beaucoup

et qui me réussit très-bien pour toute espèce de semis. La feuille de verre évite l'évaporation, empêche les brusques changements de température, concentre une chaleur humide assez régulière, favorable à la germination, et enfin offre le précieux avantage de ne pas intercepter la lumière.

Ceci dit en passant, revenons à notre semis. Dès que votre plant sera bien sorti, il faudra ôter la feuille de verre, ce que vous ferez de préférence un soir, le temps étant ordinairement très-sec et chaud à cette époque, vous laisserez ainsi votre semis à l'air libre jusqu'à ce qu'il ait développé sa quatrième feuille. Alors vous préparerez *au Nord toujours*, une petite plate-bande, appelée généralement pépinière d'attente, abondamment fumée, et exhaussée de 4 à 5 centimètres de bon terreau de couche, additionné d'un quart de sable fin. Prenez votre terrine, faites-en sortir doucement la motte de terre, brisez-la avec précaution en plusieurs morceaux; pressez légèrement entre vos doigts ces fragments de manière à séparer tous vos plants sans trop froisser ou casser les jeunes racines. Faites un trou avec vos doigts et non avec un piquet (1), assez large pour que les racines de vos plants puissent bien s'y étaler; recouvrez-les de terre et pressez légèrement avec la main tout autour, de manière à ce qu'il n'y ait pas de vide, et que la terre adhère parfaitement aux plants que vous enterrez jusqu'aux cotylédons en les espaçant de 7 à 8 centimètres en tous sens. Donnez une bonne mouillure à la pomme et laissez croître jusqu'au printemps, n'ayant d'autres soins à prendre que d'arroser quand besoin sera, et de sarcler les mauvaises herbes. Je vous engage, horticulteurs soigneux, à prendre toutes ces petites précautions, que malheureusement beaucoup de gens regardent

(1) Ne vous servez jamais du plantoir dit *Piquet*, c'est un fort mauvais instrument qui refoule et lisse la terre, et fait un vide au fond du trou. Si vous avez peur de compromettre la blancheur de vos mains, servez-vous d'une petite cuillère en fer, bien préférable à ce morceau de bois.

comme superflues. Souvent pour gagner un peu de temps dans la plantation, ils se hâtent d'arracher une plante sans s'inquiéter des jeunes racines; ils ne réfléchissent pas au mal et surtout au retard qu'ils occasionnent par cette manière de faire vicieuse. Des pensées traitées de la manière que je viens d'indiquer reprennent de suite, et fleuriront toutes ou avant l'hiver ou aux premiers beaux jours sur la pépinière d'attente; ce qui vous permettra d'expulser les mauvaises, et d'entremêler plus tard les couleurs selon votre goût. Vous aurez en outre des plantes vigoureuses dont l'abondant chevelu permet de les transplanter en pleine floraison, sans en souffrir, pour être mises à la place qu'on leur destine et qu'elles doivent occuper définitivement.

Il est une chose qu'il ne faut jamais oublier, car c'est là que diffère principalement mon mode de culture, c'est que la pensée redoute le soleil qui la fane, la brûle et la fait dégénérer quoi qu'on puisse faire. De plus, la transition énorme de température qu'elle éprouve entre le jour et la nuit, lorsqu'elle se trouve frappée par le soleil, lui donne cette terrible maladie qu'on appelle le blanc ou meunier. Une plante qui en est atteinte est perdue. Depuis que je cultive mes pensées au Nord, cette maladie a complètement disparu. Cherchez donc un endroit abrité par un massif d'arbres tamisant les rayons du soleil. Chez moi, je les place toujours en bordure d'une plate bande de fuchsias, que je cultive sous de grands sapins en plein Nord. Là mes pensées fleurissent admirablement pendant tout l'été, et forment une guirlande ravissante de fleurs au-dessus desquelles viennent se balancer gracieusement les belles corolles des fuchsias.

Cependant il ne faut pas croire que tous les soins soient finis et qu'il ne vous reste plus qu'à jouir de votre œuvre : non, certainement. Vous avez encore beaucoup à faire. Il faut d'abord une ou deux fois par semaine, quand il fait très-chaud, bassiner vos pensées avec de l'eau dans laquelle on a fait dissoudre de la suie de cheminée provenant de la combustion du bois, (la houille ne produisant pas le même effet) à la proportion de 1 litre pour 50 litres d'eau. Ce bouillon qui n'empêche pas les arrosements ordinaires, a l'avantage d'empêcher, dans les années brûlantes et sèches, la formation du blanc et d'exciter une vigoureuse végétation; le feuillage s'élargit et prend une teinte d'un vert noir, marque d'une bonne santé. Les rameaux s'allongent beaucoup et du collet de la plante sort une grande quantité de brindilles : prenez garde !... Si vous n'avez pas l'attention de supprimer tous ces drageons, chaque fois qu'ils se présentent, votre plante en souffrira beaucoup. Il faut donc toujours les couper pour ne laisser que 4 à 5 tiges au plus, les plus grosses, les plus vigoureuses, ce sont ordinairement celles qui se sont développées et se sont mises à fleurir les premières. Ces tiges finiraient par devenir trop longues, prendraient une position disgracieuse, et n'auraient plus ni port ni tenue, si l'on ne venait y apporter remède. — Voici encore un des points importants de ma culture. — Dès qu'on le juge nécessaire, il faut gratter la terre autour de la plante de manière à déchausser le collet, puis creuser de petites rigoles dans lesquelles vous coucherez les branches dégarnies d'une partie de leurs feuilles. Vous les recouvrirez ensuite de terreau pour n'en laisser sortir que la partie chargée de fleurs, c'est-à-dire, la moitié environ. Ce rechaussement doit se pratiquer deux fois dans l'année : la première fois fin mai, la deuxième fin août. Ce double marcotage offre un très-grand avantage : la sève ayant moins de distance à parcourir pour arriver jusqu'aux fleurs, y afflue en plus grande abondance, puisque chaque partie des rameaux enterrés, quinze jours environ après, forment de nouvelles racines; enfin, il vous évite de faire aucune boutures, car, au mois d'octobre, vous arracherez votre plant en motte; vous le divisez en autant de parties que de rameaux conservés par pieds et vous trouvez, en supprimant les vieilles racines, de belles boutures, bien enracinées, que vous replantez à la même place si bon vous semble, en ayant la simple précaution de leur rapporter un peu de nouvelle terre. Depuis six ans nos pensées occupent la même place, et sont toujours aussi vigoureuses

Des boutures.

Par ce que vous venez de lire dans l'article précédent, je ne fais jamais de boutures de pensées. Si vous êtes obligé de recourir à c moyen, traitez-les comme celles de pétunia, mais rappelez-vous que vous ne devez prendre que des tiges grosses et vigoureuses, car les brindilles, même enracinées, ne forment jamais des sujets vigoureux, capables d'apporter de grandes et belles fleurs. La pensée doit être reboutturée tous les ans, les sujets de l'année ne valent plus rien l'année suivante.

De la graine.

Il n'est pas aussi facile qu'on le croit, d'avoir de la graine de bonnes pensées. Celle qu'on achète chez les marchands n'offre pas toujours toutes les qualités requises : les trois quarts de cette graine donnent des sujets fort médiocres comme valeur de fleurs. C'est donc à vous, amateur du beau, de savoir sacrifier, dès la première année de votre semis, la plus grande partie de vos plantes ; d'arracher impitoyablement, quelle que soit la beauté du coloris, toutes celles dont la corolle manque d'ampleur ou ne se rapproche pas de la forme bien ronde ; celles dont les couleurs ne sont pas bien nettes et tranchées ; qui ne sont pas bien marquées d'une large tache carrée au centre que l'on nomme *masque ;* enfin celles dont les pédoncules

5.

sont trop faibles pour soutenir gracieusement la fleur. C'est à cette seule condition que vous arriverez à vous former une très-belle collection qui ne pourra jamais dégénérer; car les phalènes, sphinx, etc., ne pourront pas porter avec leurs trompes, en venant puiser le nectar dans vos fleurs, un pollen provenant d'une plante défectueuse. Ceci me fait penser de vous dire qu'il est inutile d'avoir recours à l'hybridation. La pensée par elle-même subit de tels changements que, chaque jour, des variétés nouvelles viennent avantageusement remplacer les anciennes; aussi ne doit-on conserver que des plantes de premier mérite.

Voyons maintenant quelle est la grande difficulté que l'on éprouve pour récolter la graine; si, comme le disent certains praticiens, l'on a besoin de cornets de papier pour entourer les capsules; de terreauter autour des plantes pour faciliter le semis de ces *capsules insaisissables* qui éclatent et projettent au loin leur semence. Je ne me suis jamais

donné autant de peine : le soir ou le matin,
je visite les sujets sur lesquels je me propose
de recueillir ma grainé ; dès que j'aperçois
qu'une des trois ou quatre capsules, conservées sur chaque plant à cet effet, sont bien
gonflées, commencent à prendre une teinte
jaunâtre et qu'elles quittent la position in-
clinée qu'elles occupaient jusque-là pour se
dresser complétement, je n'attends plus : je
coupe le pédoncule au-dessous de la capsule,
et sans la dépouiller aucunement, je l'en-
ferme dans une petite boîte où elle achève
de mûrir et de se dessécher, en attendant les
autres qui viennent progressivement augmenter ma cueillette. Beaucoup éclatent dans
la boîte, d'autres restent enfermées dans leur
enveloppe. Peu importe : au moment du semis, écrasez-les entre vos doigts et la graine
que vous en retirez, quoique ne vous paraissant pas parfaitement mûre quelquefois,
n'en est pas moins bonne pour cela et con-
serve sa faculté germinative très-longtemps.

Voilà en quoi consiste l'art et le mystère

de cette culture qui maintiendra la pensée
dans toute sa perfection et ramènera, je l'espère, cette charmante plante dans nos jardins. Heureux si, pour ma part, je contribue
un peu à l'y maintenir.

CULTURE DE LA VERVEINE

S'il est une plante essentiellement propre
à la décoration d'un jardin, c'est sans contredit la verveine. Cette charmante miniature
n'a-t-elle pas tout pour elle? En est-il une
autre aussi rustique et se prêtant mieux à
tous les caprices de l'horticulture? tous les
terrains lui sont bons; elle ne craint ni le
chaud ni le froid; plantée en massifs, en cor-
beilles, elle produit toujours l'effet le plus
ravissant, surtout si l'on a soin de la grouper
en masses assorties et bien variées de couleurs; sa luxuriante floraison attire sur elle
le regard et flatte agréablement l'œil par la
diversité de son coloris qui passe des teintes
les plus tendres aux tons les plus chauds;

perpétuellement en fleur, même pendant l'hiver, elle quitte sans peine, j'ose le dire, le parterre pour venir orner les serres, les balcons et égayer la fenêtre du pauvre. Peu de chose lui suffit : généreuse par essence, elle vous paie toujours au centuple les quelques soins qu'on lui donne.

Voilà, ce me semble, des titres plus que suffisants, pour qu'on s'intéresse à sa culture et qu'on se soit empressé de l'accueillir partout.

Du semis.

La graine de verveine est assez longue et difficile à faire lever. Pour obtenir un bon résultat, il faut, au mois de mars, remplir un pot ou une terrine de la même terre indiquée dans les cultures précédentes. Seulement il faut avoir soin, une fois votre terrine bien pleine, d'en presser fortement la terre avec le fond d'un pot vide, de manière à ce qu'elle soit très-tassée. Tout horticulteur a dû remarquer que c'était dans les allées et sentiers que les graines de verveine se resemant d'elles-mêmes levaient le mieux. On répand alors la graine que l'on recouvre d'une légère couche de terre, puis on arrose par immersion. La terre étant bien imprégnée, laissez égoutter un instant et portez votre terrine dans une couche chaude à châssis; vous l'y plongez jusqu'aux bords et la recouvrez d'une feuille de verre. Rappelez-vous que le panneau de la couche n'empêche pas la feuille de verre. Vous n'ombrez pas : ce double vitrage produit une énorme élévation de température. Par ce procédé, je fais naître mes melons en 36 à 48 heures au plus et je l'emploie pour tous les semis qui demandent une grande chaleur. En agissant de cette manière, la graine de verveine, au lieu de demeurer 1 mois ou 1 mois 1/2 à naître et encore très-irrégulièrement, germera presque toute dans l'espace de quinze jours à trois semaines au plus et d'une manière beaucoup plus régulière.

Dès que votre plant aura pris sa quatrième feuille environ vous devez le repiquer isolément dans de petits godets, de la même manière et avec les mêmes précautions indiquées à l'article Pétunia. Si vous n'avez pas de pots, placez-les à 5 centimètres les uns des autres sur une pépinière d'attente située au midi. Vous ombrerez les premiers jours avec des paillassons, ou des toiles fixées sur des lattes, tant pour faciliter la reprise, que pour les préserver de la gelée, de la neige et de la pluie, ennemis mortels des verveines surtout pendant leur enfance. Si vous avez des cloches ou des châssis, le succès en sera plus assuré.

Quand votre plant est bien repris, ce qui est facile à reconnaître par la végétation, vous l'arrêtez en le pinçant en tête au-dessus de la quatrième feuille, afin d'accélérer le développement des branches latérales qui seront également pincées à leur tour à la quatrième feuille. Pour parler plus clairement et être mieux compris des amateurs novices, je leur dirai que la verveine pousse toujours deux feuilles à la fois : elles sont opposées et fixées sur un nœud. Le premier pincement de la tige fig. 4. se fait au-dessus du second

Fig. 4. — 1ᵉʳ pincement.

nœud et pas trop près, pour ne pas nuire aux deux branches qui devront sortir des aisselles des feuilles de ce second nœud. Le deuxième pincement fig. 5. se fait aussi au-dessus du deuxième nœud pour les deux premières branches qui sortiront de la première paire de feuilles situées au-dessus des cotylédons. Enfin, quand les branches du deuxième nœud de la tige se seront développées

vous les pincerez cette fois au-dessus du premier nœud, pour donner dès l'origine plus
de longueur aux branches du bas.

Fig. 5. — 1er, 2e et 3e pincement.

Culture en pleine terre.

Le mois de mai est arrivé, c'est le moment, à moins de gelées tardives, de mettre
vos verveines à la place que vous leur destinez, et que vous aurez amendée d'avance par

une bonne fumure faite avec du fumier très-consommé de vache, préférable à tout autre, si vous agissez sur un sol léger. Donnez une légère façon à la surface seulement pour ameublir votre terrain et enlever les herbes; puis, avec une petite bêche ou une houlette, faites des trous espacés de 50 centimètres en tous sens, dans lesquels vous déposerez votre plant qui, s'il n'est élevé en petits pots, sera arraché le plus en motte possible. Arrosez ensuite pour en assurer la reprise, qui ne se fera pas attendre. Quinze jours à trois semaines après, vos verveines commenceront à vous donner des fleurs. Alors vous pourrez en faire le triage, enlever les mauvaises pour les remplacer par d'autres (les plus faibles, que vous aurez gardées à cette intention). Quant aux sujets que vous jugerez dignes d'être conservés, vous leur supprimerez toutes les fleurs à mesure qu'elles commenceront à passer pour éviter la formation des graines qu'il ne faut jamais laisser, tant que votre sujet n'aura pas atteint un bon développement.

Pour peu que l'année soit favorable, vous aurez rarement besoin de les arroser. La verveine ne craint point la chaleur et la sécheresse modérée. Il faut des années exceptionnelles comme celles que nous venons de subir dans les départements du centre de la France pour que des arrosements journaliers deviennent indispensables. Ces arrosements seront encore bien moins fréquents si vous avez la précaution de les pailler avec du fumier court. C'est une opération presque indispensable pour obtenir en été une belle floraison ; il n'est pas un horticulteur qui, ayant été à même d'en apprécier les bons effets, ne s'empresse de l'employer aujourd'hui.

Des boutures.

Deux moyens sont à votre disposition pour la conservation et la multiplication des verveines. Le premier consiste à prendre vers la fin d'août ou les premiers jours de septembre des sommités vigoureuses de branches de verveines que vous couperez au-dessus du quatrième nœud à partir de la pointe, de manière à laisser une tige au-dessous de la paire de feuilles du troisième nœud : c'est de cette tige que sortiront toutes les racines. Vous avez préalablement bouché le trou d'égouttement à une quantité suffisante de pots, que vous remplissez de sable fin de rivière ; vous y versez de l'eau jusqu'à ce que le sable soit juste submergé. C'est dans ce sable mouillé et que vous maintenez toujours tel, que vous piquez vos boutures, de manière que la première paire de feuilles affleure la surface du sable où il n'y aura de plongé que la tige que vous avez ménagée. Placez vos pots dehors en plein air, mais recouverts de cloches, et les cloches, d'un panneau vitré. Si la température s'élevait beaucoup dans le jour par l'effet d'un soleil ardent, 4 centimètres d'air et quelques brins de paille ou poignées de terre sur le vitrage du châssis sont indispensables. Par cette méthode, vos boutures n'ont point de temps d'arrêt, elles continuent de pousser tout en faisant leurs racines ; il ne leur faut qu'une huitaine de jours tout au plus pour être suffisamment enracinées ; de plus, elles ne seront ni grêles, ni chloroti-ques comme celles que l'on est obligé d'om-brer pour le bouturage ordinaire. Quand les racines auront atteint une longueur d'un à deux centimètres, vos boutures seront retirées du sable avec précaution pour être mises dans des godets de 4 à 5 centimètres, remplis d'une terre composée par parties égales de terreau de feuilles, ou de vieille couche, de terre de bruyère et de sable. Arrosez, et rentrez-les sous châssis ou cloches ombrés. Donnez de l'air peu à peu jusqu'à parfaite reprise. Enlevez les panneaux, laissez-les à l'air libre et au soleil jour et nuit à moins de mauvais temps, les pots enfoncés en terre pour éviter le dessèchement ; quelque temps après, un rempotage dans des godets de 10 centimètres sera nécessaire pour les sujets qui auront fait leur motte, on ne le fera que progressivement et sur la demande des individus, car ce sera le dernier de la saison. Pour qu'une verveine puisse bien passer l'hiver, sans redouter l'humidité, il faut que les racines tapissent bien son pot.

Le deuxième moyen est le marcotage qui s'opère naturellement dans presque toutes les variétés de verveines. On le provoque facilement chez les plus rebelles en en fixant les branches contre terre, au moyen de petits crochets en bois. En septembre on choisira dans les branches les plus vigoureuses, les plus trapues, et dont les racines sont le plus rapprochées de la pointe; arrachez-les le plus en motte possible, et placez-les de suite dans des pots de 8 à 10 centimètres, que vous tiendrez à l'ombre pendant quelques jours, pour les traiter ensuite comme plantes faites jusqu'à la rentrée hivernale.

Malgré l'opinion contraire de bons praticiens, ce second moyen de multiplication est tout aussi bon que le premier, car après une

comparaison consciencieuse de plusieurs années, je n'ai trouvé aucune différence dans la
manière de végéter de mes plantes. Les jardiniers qui ont une énorme quantité de plantes
à livrer, possèdent toutes les choses nécessaires à cette grande multiplication. Il leur
serait d'ailleurs impossible de trouver une
suffisante quantité de boutures marcottes.
Aussi n'emploient-ils que le bouturage ordinaire et dans de très-petits godets. Aux petits
amateurs, à ceux qui n'ont que très-peu d'us-
tensiles à leur disposition, je leur dirai : suivez
ce second moyen, il vous réussira mieux que
le premier.

Manière d'empoter.

Je crois qu'il n'est pas hors de propos ici
de parler de la manière de rempoter les
plantes en général et du moment opportun
pour cette importante opération, de laquelle
dépendent la vie et la prospérité d'une plante.

Malgré les nombreux écrits qui, de tous temps, ont traité cette question d'une manière très-lucide et en ont fait connaître l'importance, fort peu de personnes cependant savent le faire d'une manière convenable et surtout saisir le moment voulu. Je vais donc tâcher de parler assez clairement pour bien faire connaître la manière de procéder et les époques où il est nécessaire d'y avoir recours.

Je diviserai les empotages en deux classes : l'un, l'empotage *complet ;* l'autre, l'empotage *progressif*. Le premier se pratique au printemps pour les plantes que l'on a laissé dormir et dont on veut réveiller la végétation, et, pendant toute l'année, pour les plantes dont la terre est épuisée, et dont les racines tapissent le pot, ce que l'on reconnaît à un besoin continuel d'arrosements. Dans ces circonstances-là, il est de toute nécessité de débarrasser la plante d'une partie de sa vieille terre et de supprimer toutes les racines qui, réduites en fin chevelu, ont été en contact avec les parois du pot. Ces racines, continuellement frappées par l'air extérieur, circulant à travers les pores du vase, ont changé de nature et se gâteraient infailliblement si elles se trouvaient enterrées dans un pot plus grand. Donc, quand il s'agira de renouveler une partie de la terre d'une plante, vous commencerez par la sortir de son pot. S'il est petit, vous tiendrez la plante renversée, la tige placée entre deux doigts de la main gauche ouverte, et vous n'aurez qu'à donner quelques légers chocs contre un corps dur, avec le rebord du pot, pour en faire sortir la plante avec sa motte de terre. Quelquefois, quand le pot se trouve par trop rempli de racines, ce qui est fréquent chez les plantes voraces ou à fin chevelu, sous peine de le briser, on est obligé, après avoir ébranlé la motte comme je viens de l'indiquer, d'aider sa sortie en poussant avec un morceau de bois par le trou d'égouttement du fond. Quand les pots sont grands et difficiles à manœuvrer, on se contente de les frapper légèrement contre terre par leur angle de fond; puis, les mettant sur le côté, en poussant par le fond et tirant avec précaution par la pile, on vient à bout de les en sortir. La plante retirée, vous commencerez, avec un petit morceau de bois pointu, par détacher les tessons et autres matériaux de drainage; puis, redressant la plante, vous grattez le dessus de la motte avec beaucoup d'attention pour ne pas blesser les grosses racines qui partent du collet de la tige, enfin vous faites tomber une partie de la vieille terre du tour en détachant toutes les racines réduites en chevelu, que vous supprimerez en les taillant avec un couteau bien coupant, non pas rez la motte, mais suivant leur largeur et leur grosseur. De plus, après cette taille vous faites encore tomber un peu de terre par-ci par-là, pour détruire la régularité parfaite de la motte, qui, sans cela, s'unirait mal avec la nouvelle terre, et pourrait se détacher au rempotage suivant. Une méthode vicieuse, pratiquée par beaucoup de jardiniers, consiste à raser litté ralement tout le chevelu de la motte, puis à la gratter ensuite, ce qui lui donne l'aspect d'une brosse. Les grosses, les petites racines, tout est coupé au même niveau, et plus tard, les nouvelles racines se trouvant de même force, la terre se détache par plaques à l'endroit du rempotage précédent.

Ayant à votre portée un tas de bonne terre, composé suivant la nature des plantes que vous avez à soigner, vous choisissez des pots de deux ou trois centimètres plus grands que ceux où étaient primitivement les plantes; vous mettez un tesson ou une écaille sur le trou et par-dessus un couche de mousse sèche, enfin une quantité suffisante de terre pour qu'en posant la motte de votre plante par-dessus, elle soit de deux ou trois centimètres en contrebas, ce qui revient à peu près au niveau de l'embasse du ourrelet que les potiers proportionnent toujours à la grandeur des pots. Vous avez soin que la tige en occupe bien le centre et dans une position verticale; puis vous répandez peu à peu de la terre tout autour en la foulant avec un morceau de bois aplati. Le plus ou moins de pression à donner à la terre, n'est pas une chose indifférente : elle varie suivant le degré d'humidité et la nature du compost, et de plus, selon la nature des plantes qu'il doit substanter. La terre des composts ne doit être ni sèche ni humide. Sèche elle se foule mal et se mouille difficilement, humide elle se tasse trop. On lui donnera le degré voulu, en l'exposant à l'air après l'avoir mouillée et en la remuant souvent. Rappelez-vous bien que plus un compost est remué souvent, plus il acquiert de qualités. Un compost formé de parties sableuses et de terres légères demande à être plus fortement foulé que celui où il entre des terres argileuses et des fumiers gras.

J'ai dit qu'il fallait aussi avoir égard à la nature des racines des plantes : c'est dans cette observation que réside tout le secret d'une bonne culture. Les plantes de terre de bruyères à racines fibreuses demandent à être placées dans des pots comparativement petits et à avoir leur terre fortement foulée, de manière que, de suite après le rempotage, on puisse soulever la plante en la tenant par la pile sans l'arracher du pot. Les plantes à racines molles et charnues au contraire veulent n'être que très-peu pressées.

Ceci établi, vous foulez donc de la terre tout autour jusqu'à ce que vous soyez arrivé au niveau du collet de la plante. Une autre règle à observer, est de donner toujours à la surface de votre terre une forme bombée pour que les   d'arrosement soient portées vers les parois du vase et que les grosses racines du collet soient un peu à découvert, ou du moins très-peu enterrées, imitant en cela la nature qui fait toujours les choses pour le mieux.

Dans l'empotage *progressif,* on ne coupe jamais de racines. Il se pratique ordinairement pour les plantes de semis et de boutures qui, placées d'abord dans de très-petits pots, demandent pour prospérer des vases de plus en plus grands, réglés sur leurs appétits. Toute la science de cette opération consiste à savoir saisir le moment voulu. Ce moment est celui où les racines, encore en gros suçoirs, commencent à contourner la motte. Si l'on attend trop, les racines se divisent et s'étant météorisées au contact de l'air, elles s'enfonceront avec moins de vigueur, dans la nouvelle terre que vous leur donnerez, en les plaçant dans un pot plus grand. La plante extraite de son pot, avec précaution, pour ne pas ébranler la terre et détacher les jeunes racines, sera placée immédiatement, après lui avoir ôté son tesson de drainage, dans un vase plus grand et proportionné à sa vigueur, et on la traitera comme dans l'autre opération.

Quelque soit le genre de son rempotage, la plante doit être de suite suffisamment arrosée pour qu'une partie de son eau s'écoule par le trou de drainage. Si votre empotage a été bien fait, la partie vide du dessus doit contenir la quantité d'eau nécessaire pour la mouiller en une seule fois. C'est une précaution qu'on ne saurait trop recommander, et que cependant, bien peu d'horticulteurs peuvent obtenir de leurs apprentis, malgré les avertissements journaliers et les pertes de plantes que cette faute leur occasionne.

Après toute suppression de racines, il est toujours nécessaire d'ombrer la plante et de la priver d'air pendant quelque temps. Nous en avons assez longuement parlé dans le cours de cet ouvrage pour n'y plus revenir.

Culture en pots.

La verveine, quoique très-vorace, à cause des nombreuses racines qu'elle produit, se comporte assez bien en pots si l'on a soin de lui renouveler sa terre dès qu'elle est épuisée, de l'arroser suffisamment, mais sans excès. Elle servira à orner les balcons et les jardinières. On rendra sa floraison abondante par des pincements souvent réitérés. On lui donnera l'air et le soleil qu'elle aime, en prenant toutefois la précaution de garantir son pot de l'action brûlante des rayons solaires.

Les meilleurs sujets pour la culture en pots, sont les jeunes boutures faites au premier printemps ; faute de mieux, on peut prendre celles que l'on a faites en automne. Au mois de mars on les mettra, après leur avoir enlevé une partie de leur vieille terre, dans des pots de 10 à 15 centimètres remplis d'un compost formé à peu près par parties égales de terreau de feuilles ou détritus de jardins, terre de bruyère vieille ou neuve, terre franche, et fumier noir complétement réduit. Vous supprimerez toutes les branches qui pourraient faire confusion ; vous pincerez à mesure qu'elles pousseront, celles qui s'allongeraient trop en s'efforçant autant que possible à leur donner une forme sphérique. Il va sans dire que tout ce traitement se passe en serre ou sous châssis jusqu'au moment de les sortir, lorsque les gelées ne seront plus à craindre.

La verveine cultivée en pots demande des arrosements assez suivis : quand il deviennent trop fréquents, il faut se hâter de la rempoter. De temps en temps un léger bouillon de purin, mêlé de suie, est un excitant qui lui réussit très-bien. Un seringuage à l'eau pure suivra cette mouillure pour laver le feuillage ; on y aura recours également le soir après une chaude journée.

La verveine ne prospère bien en pots que pendant trois à quatre mois au plus, après quoi elle se déforme et fleurit mal. Cependant on peut, après un bon rempotage, la rabattre très-court, et par cela provoquer la sortie de jeunes branches du collet. Il est facile de remplacer les pieds épuisés par des branches enracinées, prises sur les pieds de pleine terre, et préparées quelque temps d'avance.

Rentrée et culture d'hiver.

Les verveines se traitent pendant l'hiver de la même manière que les pétunias, ne craignent pas plus le froid que ces derniers et comme eux ne redoutent que l'humidité et les arrosements intempestifs. Je renvoie donc le lecteur à l'article pétunia.

Fécondation artificielle.

La fécondation de la verveine est assez délicate et minutieuse à opérer. Les étamines s'ouvrent et dégagent leur pollen au moment de l'épanouissement de la fleur; elles sont placées à l'entrée du tube à la hauteur du stigmate : on ne peut donc espérer d'obtenir une fécondation avec un pollen choisi qu'en enlevant les anthères avant leur déhiscence. Le seul moyen praticable est d'arracher la corolle un peu avant son épanouissement, le pistil reste alors à nu au milieu du calice, et comme le stigmate est saillant, il est facile de l'imprégner, mais seulement le lendemain, car j'ai remarqué qu'il n'est apte à la fécondation qu'après l'entier épanouissement de la fleur. Le lendemain donc, vous prenez sur la variété choisie pour père, une fleur épanouie du matin ; vous en enlevez la corolle, que vous ouvrez délicatement en la fendant dans le sens de sa longueur avec une aiguille, vous apercevrez les étamines chargées d'un pollen jaune que vous appliquerez sur le stigmate de vos plantes préparées la veille en vous servant de la corolle elle-même retournée en arrière, pour plus de commodité. Procédé bien préférable à l'emploi du pinceau. Tous les jours, au fur et à mesure que les fleurs arrivent à point, vous les enlevez et renouvelez l'opération : ce qui fait que sur le même corymbe vous pouvez opérer avec des pollen variés.

Une chose importante à observer dans les

fécondations, c'est de savoir deviner d'avance les coloris que l'on pourra obtenir. Il faut, comme le peintre, connaître la combinaison des couleurs pour arriver à un résultat satisfaisant. Ainsi, d'une verveine bleue et d'une rouge, vous êtes à peu près sûrs de n'obtenir que des coloris ternes et sans valeur. Choisissez donc toujours des couleurs vives et foncées pouvant s'harmoniser ensemble; éliminez les couleurs claires, qui dominent toujours dans les semis, quelle que soit la beauté des variétés ayant formé la graine.

Je ferai encore une autre observation, c'est que les premières fleurs situées sur la base du corymbe donnent seules de bonnes graines, tandis que celles du sommet sont presque toujours stériles. Les belles variétés donnent très-peu ou point de graines naturellement, mais par la fécondation on en peut obtenir facilement. J'engage donc les semeurs, s'ils veulent avoir quelque chance de gains, à n'employer que des variétés de premier ordre, en prenant la peine de les féconder.

Insectes, Maladies.

Les Pucerons sont très-friands de la verveine. Quand elle est en serre ou sous châssis, si l'on n'y fait pas attention, ils l'envahissent tellement, qu'ils finissent par la fatiguer et lui causer la mort. On s'en débarrassera par les fumigations de tabac ou par l'immersion de la plante dans une décoction concentrée de tabac, suivie une heure après d'un seringuage à l'eau pure. Les verveines de pleine terre en sont peu incommodées, les bassinages et les arrosements les détruisent peu à peu : on n'a donc pas à s'en inquiéter.

Une autre cause, plus terrible encore que les Pucerons et qui détruit à elle seule plus de verveines que tous les insectes réunis, est l'excès d'humidité provenant des arrosements mal entendus, des pots mal drainés, des pluies prolongées, etc., qui amènent la décomposition des racines, et détruisent la plante en peu de temps. Le remède est facile : dès que vous vous apercevez qu'une plante est souffrante, que son feuillage devient jaune, recherchez-en la cause, arrêtez de suite les progrès du mal par un traitement rationnel et la santé reviendra.

Le Blanc ou Meunier, cette espèce d'oïdium, de poudre blanche, apparait d'abord sur quelques feuilles, gagne du terrain chaque jour, si bien qu'au bout d'un certain temps la plante en est toute couverte. Elle languit d'abord et meurt ensuite, si l'on ne vient y apporter un prompt secours. Le principal remède pour détruire ce cryptogame, c'est, dès l'apparition de la maladie, de supprimer avec soin les feuilles et la pointe des tiges attaquées, et de répandre sur la plante une certaine quantité de fleur de soufre que vous enlevez au bout de quelques jours par des bassinages à l'eau de suie. Mais le meilleur moyen est d'empêcher la formation de ce champignon. Ayant remarqué que c'était toujours après de chaudes journées, suivies de nuits très-froides, que le blanc se formait et persistait sur mes plantes, malgré le soufre dont elles étaient couvertes, j'arrivai à comprendre qu'il fallait détruire l'effet de cette transition subite de chaleur et de froid. De forts bassinages d'eau fraîche, avant le lever du soleil, quand la nuit a été froide, feront disparaître ou préviendront toujours cette maladie.

Variétés.

Il est inutile de donner ici une liste détaillée des plus belles variétés de verveines, chaque année les horticulteurs en proclament de nouvelles. Sous ce rapport, il existe déjà une grande confusion, car un grand nombre de variétés déjà anciennes sont émises de nouveau sous des noms différents.

Dans ces dernières années, l'horticulture s'est enrichie de nouvelles variétés à fleurs striées dites Italiennes ; ce sont des fleurs au coloris charmant, mais manquant d'ampleur. La fécondation artificielle, en les mariant avec la verveine à grandes fleurs, pourra en tirer un bon parti.

CULTURE DE L'HÉLIOTROPE

Si l'héliotrope n'entrait pas dans le cadre
de cet ouvrage, je me serais dispensé d'en
faire un article à part, tant sa culture a d'a-
nalogie avec celle des plantes dont nous venons de parler. C'est aussi avec elles qu'on
le trouve presque toujours associé tant en
pleine terre que sous châssis ou en serre. Il
est peu de plantes qui soient aussi généralement cultivées que l'héliotrope, ce n'est certes
pas pour la beauté de sa fleur! mais il fleurit
avec une si rare abondance pendant toute
l'année, l'odeur de ses fleurs est si suave,
qu'il fait les délices du pauvre aussi bien que
du riche.

7.

Du semis.

Le semis des graines de l'héliotrope se fait en terrines sur couche chaude, en mars ou avril, et de la même manière indiquée pour le pétunia. On repique le jeune plant sur couche en pépinière ou en godets dès qu'il a deux ou quatre feuilles. Je n'engage pas les amateurs à recourir à la voie du semis pour multiplier l'héliotrope : la germination de la graine en est très-capricieuse ; il n'est pas rare d'en voir lever pendant toute une année et plus, comme aussi, malgré la bonne qualité de la graine, de ne pouvoir en obtenir un seul sujet. Quant aux variétés que l'on compterait obtenir, celles déjà existan sont si nombreuses et présentent entre elles si peu de différences, qu'il faut avoir beaucoup de bonne volonté pour les distinguer. L'année dernière M. Lemoine, de Nancy, a livré

un héliotrope sous le nom de madame Victor Lemoine, que je pense être un hybride d'un héliotrope et d'un Lantana : il a les fleurs du premier et les feuilles et la mauvaise odeur du second. En tentant d'autres croisements, peut-être arriverait-on à quelque chose de mieux et surtout à lui conserver sa bonne odeur. Les jeunes plants de semis seront rempotés au besoin et soignés sous châssis ou en serre jusqu'au moment de les livrer à la pleine terre ou à l'air libre, quand les gelées ne sont plus à craindre : ils y fleuriront la même année.

Des boutures.

Le meilleur mode de multiplication est la bouture; elle se fait en tous temps. Au printemps, avec les tiges herbacées des nouvelles pousses, placées en petits godets sur couche chaude et à l'étouffée; elles reprennent or-

dinairement en quinze jours à peine. A l'automne et tout l'été dehors au nord, sur plate-bande de sable et de terreau léger, avec
les jeunes pousses ligneuses de l'année, dont
les yeux ne sont pas encore développés, et
fichées en masse sous une cloche à l'ombre.
Elles s'enracinent assez vite, surtout dans le
sable, on le reconnaît à la végétation. Alors
on les empote séparément en petits pots de
10 centimètres, où elles passeront l'hiver. On
peut encore faire les boutures dans une terrine remplie de terreau, et les y conserver
jusqu'au moment de les séparer au printemps, mais le moindre accident peut vous
faire perdre tous vos sujets, ce qui n'est pas
à craindre quand ils sont isolés.

Les boutures de printemps seront traitées
comme les plants de semis, et comme eux
on les pincera en tête pour les faire ramifier.

Culture en pots et en pleine terre.

L'héliotrope prospère très-bien cultivé en pots; on peut, avec le temps et des soins, et en lui donnant une terre très-riche en détritus de végétaux et fumier animal, lui faire atteindre des proportions gigantesques, tant sous la forme pyramidale, qu'en buisson sphérique. Son traitement est analogue à celui indiqué pour les verveines, nous n'y reviendrons pas. Il en est de même pour la culture de pleine terre, seulement l'eau sera distribuée largement, si l'on veut avoir une abondante floraison d'été; le paillis même sera d'urgence. On ne craindra pas de rabattre souvent l'héliotrope, plus on lui ôtera de fleurs, plus il en donnera : c'est une plante inépuisable pour la confection des bouquets.

Rentrée hivernale.

L'héliotrope redoute énormément le froid, la plus petite gelée le tue. Il faudra donc rentrer les boutures et les vieux pieds avant la mauvaise saison, et on prendra pendant tout l'hiver les plus grandes précautions pour les en préserver. Au reste, on leur fera suivre identiquement le même traitement indiqué pour les géraniums à l'article culture d'hiver. Comme eux on les tiendra au sec, n'arrosant que les pieds dont on veut prolonger la floraison. Les vieux sujets arrachés de pleine terre, au lieu de rester à nus, seront rempotés, arrosés une seule fois pour faire adhérer la terre aux racines, puis privés d'eau jusqu'à la montée de la sève du printemps.

TABLES DES MATIÈRES

Préface... 7

Culture du Pétunia.. 12

Du semis... 12
De la culture en pots.. 20
Des boutures... 23
De la fécondation artificielle 28

Culture du Geranium... 47

Du semis... 49
Des boutures... 54
Culture en pots et pleine terre.................................. 57
Rentrée et culture hivernales.................................... 62
Fécondations artificielles....................................... 65
Liste des plus belles variétés................................... 66

Culture de la Pensée.. 71

Du semis... 73
Des boutures... 80
De la graine... 81

Culture de la Verveine.. 85

Du semis... 86
Culture en pleine terre.. 90
Des boutures... 92
Manière d'empoter.. 96
Culture en pots.. 104
Rentrée et culture d'hiver....................................... 107
Fécondations artificielles....................................... 107
Insectes, maladies... 110
Variétés... 112

Culture de l'Héliotrope....................................... 113

Du semis... 114
Des boutures... 115
Culture en pots et en pleine terre............................... 117
Rentrée hivernale.. 118

COMTE LÉONCE DE LAMBERTYE

LES PLANTES

A

FEUILLES ORNEMENTALES

EN PLEINE TERRE

BOTANIQUE ET CULTURE

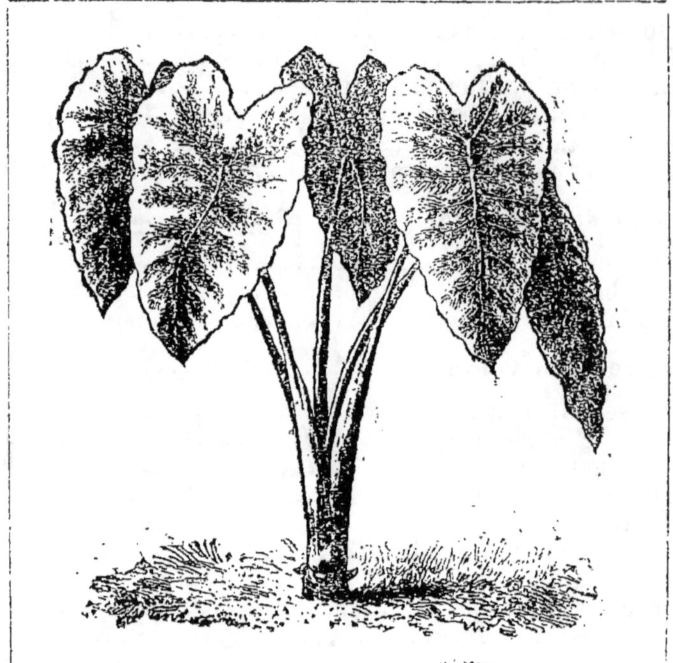

1re *Partie*. — **Solanum.**
2e *Partie*. — **Canna, Caladium, Musa, Gynerium, Wigandia,** etc.

2 vol. in-18 ornés de figures, *franco : 2 fr.*

Coulommiers. — Typographie de A. MOUSSIN.

9 782013 033435